“十三五”国家重点研发计划子课题《关键节点热桥设计与评估研究》（2017YFC0702606-04）

近零能耗建筑热桥节点做法与数据

中国建筑科学研究院有限公司

董 宏 编著

中国建材工业出版社

图书在版编目（CIP）数据

近零能耗建筑热桥节点做法与数据 / 董宏编著. --
北京 : 中国建材工业出版社，2021.4
ISBN 978-7-5160-3171-1

Ⅰ. ①近… Ⅱ. ①董… Ⅲ. ①生态建筑—建筑设计—
研究 Ⅳ. ①TU201.5

中国版本图书馆 CIP 数据核字(2021)第 056932 号

内 容 简 介

本书按照混凝土结构、砌体结构、钢结构、木结构等国内常用建筑结构体系主要热桥节点的构造，给出了不同保温材料和厚度时节点的线传热系数值，以及符合近零能耗建筑热桥设计要求允许使用的最大室内外温差，并确定了适用的气候区，可以满足大多数近零能耗建筑设计的需要。

本书可供近零能耗建筑设计师、节能计算软件开发者，以及从事建筑构造、保温体系研发、建筑节能研究的人员使用，也可作为高校相关专业教学参考书。

近零能耗建筑热桥节点做法与数据
Jinlingnenghao Jianzhu Reqiao Jiedian Zuofa yu Shuju
董　宏　编著

出版发行：中国建材工业出版社
地　　址：北京市海淀区三里河路 1 号
邮　　编：100044
经　　销：全国各地新华书店
印　　刷：北京雁林吉兆印刷有限公司
开　　本：787mm×1092mm　横 1/16
印　　张：5.25
字　　数：60 千字
版　　次：2021 年 4 月第 1 版
印　　次：2021 年 4 月第 1 次
定　　价：40.00 元

本社网址：www. jccbs. com，微信公众号：zgjcgycbs 请选用正版图书，采购、销售盗版图书属违法行为

本书如有印装质量问题，由我社市场营销部负责调换，联系电话：(010)88386906

前　言

“消除热桥”是实现建筑近零能耗的主要技术措施。由于完全实现对热流的阻断并不现实，建筑构造设计对“消除”一词的定义并不清晰。国内外常用的以线传热系数（ψ）为指标的热桥评价方法无法适应中国巨大的气候差异，无法满足近零能耗建筑以控制能耗为目标的设计需求。如何在“近零能耗”的背景下提出热桥设计的目标，解决热桥设计和评估的问题，是近零能耗建筑研究的关键问题之一。

“十三五”国家重点研发计划子课题《关键节点热桥设计与评估研究》（2017YFC0702606-04）基于近零能耗建筑热桥的设计评估需求，通过分析材料和构造对热桥节点附加传热的影响，提出以控制传热量为核心的评估方法。该方法以附加传热量作为评价指标，将由材料和构造决定的节点线传热系数和建筑所在地的室内外温差结合起来，在与近零能耗建筑设计目标相协调的同时，符合中国气候差别巨大的现实状况，保证了在不同建设地点热桥对建筑围护结构传热的影响程度相同。

本书以上述研究成果为基础，采用“十三五”国家重点研发计划项目《建筑节能设计基础参数研究》（2018YFC0704500）中研发的室外计算参数，对国内常用11种建筑结构体系中外墙的主要构造节点进行计算。按照国家标准《近零能耗建筑技术标准》（GB/T 51350—2019）中建筑围护结构平均传热系数的要求，对采用不同保温材料和构造节点做法的适用气候区进行了分析。将节点构造的计算分析结果以表格的形式列出，便于设计时参考。

中国建筑科学研究院有限公司建筑环境与能源研究院供热工程技术研究中心袁闪闪，建筑热工与节能研究室张松浩，研究生李扬捷参与了计算参数确定、节点详图绘制和建模计算等工作。

由于国内建筑材料和构造的发展日新月异，书中涵盖的保温体系数量有限，期待再版时能收入更多的新型围护结构体系，更好地为近零能耗建筑设计提供参考。

时间仓促，受水平所限，本书中的错误和疏漏在所难免，恳请读者批评指正。任何意见、问题和建议都可发送至 dh _ ong@126. com 讨论交流。

目　　录

说　　明

1. 编制目的

近零能耗建筑的设计评价指标是能耗。将能耗降至近零水平是近零能耗建筑设计的目标。消除热桥影响是建筑实现近零能耗的主要技术措施。

在近零能耗建筑设计中，需要定量计算通过热桥节点的传热量，并将其控制在限定的范围内，以保证整栋建筑通过围护结构产生的供暖空调负荷达到设计要求。

本图集基于国内常用建筑结构体系的保温构造类型，给出了围护结构主要热桥节点在不同保温材料、保温层厚度条件下的线传热系数，以及节点适用的气候区和允许的设计室内外温差，为在设计时合理选用保温体系和节点构造提供参考。

2. 编制依据

- 《民用建筑热工设计规范》GB 50176—2016
- 《近零能耗建筑技术标准》GB/T 51350—2019
- 《混凝土小型空心砌块建筑技术规程》JGJ/T 14—2011
- 《住宅轻钢装配式构件》JG/T 182—2008
- 《钢结构设计标准》GB 50017—2017
- 《木骨架组合墙体技术标准》GB/T 50361—2018
- “十三五”国家重点研发计划子课题《关键节点热桥设计与评估研究》（2017YFC0702606-04）技术报告

3. 适用范围

适用新建、改建、扩建的近零能耗建筑围护结构热桥节点的设计和选用。

4. 计算方法与工具

节点线传热系数 ψ 和附加传热量 ΔQ 的计算如下：

$$\psi = \frac{Q^{2D} - KA(t_i - t_e)}{l(t_i - t_e)} = \frac{Q^{2D}}{l(t_i - t_e)} - KB$$

$$\Delta Q_L = \psi \cdot |\Delta t|$$

式中　ψ——热桥的线传热系数[W/(m·K)]；

Q^{2D}——流过该块围护结构单元的热流（W），上角标 2D 表示二维传热；

K——围护结构平壁的传热系数[W/(m^2·K)]；

A——以热桥为一边的某一块矩形围护结构平壁的面积(m^2)；

t_i——围护结构室内侧的空气温度(K)；

t_e——围护结构室外侧的空气温度(K)；

l——热桥的长度(m)，计算 ψ 时通常取 1m；

B——该块矩形围护结构单元另一条边的长度(m)，即 $A = l \cdot B$，一般情况下，$B \geq 1$m；

ΔQ_L——流过热桥节点的附加热流(W)；

$|\Delta t|$——室内外温差的绝对值(K)。

计算采用《民用建筑热工设计规范》（GB 50176—2016）第C.2.4条中提供的二维稳态传热计算软件PTemp。

5. 计算参数

（1）围护结构表面均为第三类边界条件，外表面换热系数取23W/(m^2·K)，内表面的换热系数8.7W/(m^2·K)。

（2）计算采用的保温材料热物性参数见表1：

表1　保温材料的热物性参数

材料	干密度 (kg/m^3)	比热容 [kJ/(kg·K)]	导热系数 [W/(m·K)]	适用条件	
				部位	气候区
膨胀聚苯板(EPS)	20	1.38	0.041	室外	严寒、寒冷、夏热冬冷、温和
			0.043		夏热冬暖
			0.039	室内	严寒、寒冷、夏热冬冷、温和
			0.041		夏热冬暖
挤塑聚苯板(XPS)	35	1.38	0.035	室外	严寒、寒冷、夏热冬冷
			0.038		夏热冬暖
			0.034		温和地区
			0.034	室内	严寒、寒冷、夏热冬冷、温和
			0.035		夏热冬暖
发泡聚氨酯(PU)	35	1.38	0.028	室外	严寒、寒冷、夏热冬冷

续表

材料	干密度 (kg/m^3)	比热容 [kJ/(kg·K)]	导热系数 [W/(m·K)]	适用条件	
				部位	气候区
发泡聚氨酯(PU)	35	1.38	0.030	室外	夏热冬暖
			0.025	室内	严寒、寒冷
			0.026		夏热冬冷、温和
			0.028		夏热冬暖
岩棉(RW)	80	1.22	0.045	室外	严寒、寒冷
			0.049		夏热冬冷、温和
			0.053		夏热冬暖
			0.043	室内	严寒、寒冷
			0.047		夏热冬冷
			0.051		夏热冬暖
			0.049		温和
玻璃棉(GW)	40	1.22	0.039	室外	严寒、寒冷
			0.042		夏热冬冷、温和
			0.046		夏热冬暖
			0.037	室内	严寒、寒冷
			0.040		夏热冬冷
			0.044		夏热冬暖
			0.042		温和
真空保温板(VIP)	280	0.85	0.008	室内	各气候区

（3）除保温材料以外的其他建筑材料热物性参数见表2：

表 2　其他建筑材料的热物性参数

材料	干密度 (kg/m³)	比热容 [kJ/(kg·K)]	导热系数 [W/(m·K)]
钢筋混凝土(RC)	2500	0.92	1.74
加气混凝土(AC)	500	1.05	0.14
配筋加气混凝土(RAC)	550	1.05	0.22
混凝土空心砌块(190mm厚)(CHB)	1200	0.92	1.12
混凝土空心砌块(90mm厚)(CHB)	1500	0.92	0.75
钢材(ST)	7850	0.48	58.2
木材(WD)	500	2.51	0.14
定向刨花板(OSB)	600	2.51	0.17
石膏板(GB)	1050	1.05	0.33
砂浆(PM)	1700	1.05	0.87

6. 使用说明

（1）各结构体系的节点选择较为通用的做法，给出不同室外条件下的计算结果供设计参考。当设计采用其他做法时，应按照前述方法另行计算。

（2）近零能耗建筑节点的保温构造应根据建筑所在地的室外环境计算温度，按照结构体系和保温材料选用。节点的附加传热量宜低于 1.5W/m。

（3）节点图中只表示与传热相关的构造，工程应用时仍需根据不同体系的要求，设置相应的构造层。

（4）当保温层可选择不同材料时，图中均标示为“保温层”，厚度标示为“*d*”。未注明的楼、屋面保温材料均为 XPS。

（5）适用地区中气候区符号符合《民用建筑热工设计规范》（GB 50176—2016）的规定。其中，“A”表示可用于所有气候区。

（6）除节点保温构造和性能参数参考本图集外，不同体系的设计、施工尚应符合国家现行有关标准的规定。

7. 图例

各种建筑材料图例如图 1 所示。

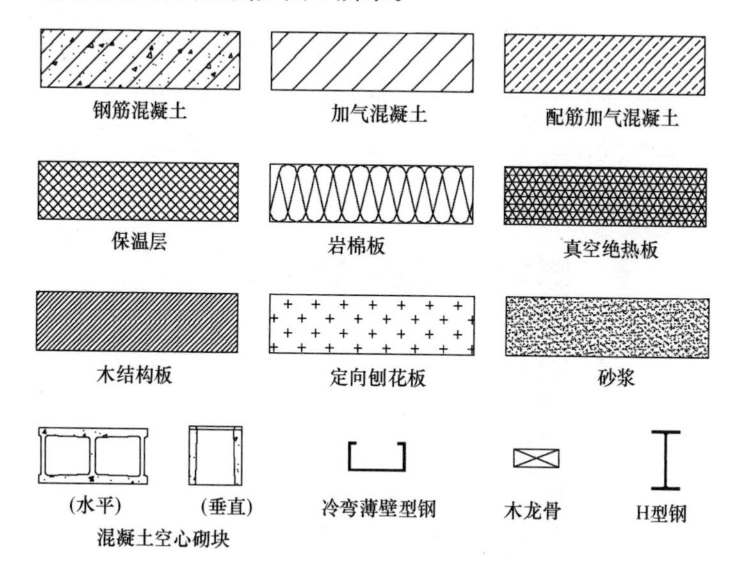

图 1　建筑材料图例

1 钢筋混凝土剪力墙结构——外保温体系

钢筋混凝土剪力墙结构外保温体系是以钢筋混凝土墙为受力结构，在墙体室外侧设置保温系统。保温层可采用膨胀聚苯板、挤塑聚苯板、聚氨酯板、岩棉板等多种材料。外保温体系多用于各气候区的居住建筑。

本体系中钢筋混凝土基墙厚度为200mm。

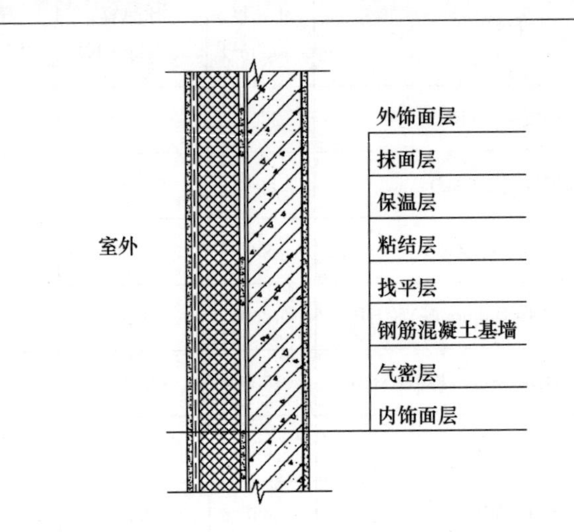

节点	保温材料	d（mm）	ψ[W/(m·K)]	|[Δt]|（K）	适用地区
外墙阳角 室外 室内 d	EPS、XPS PU、RW	—	0	—	A

1　钢筋混凝土剪力墙结构——外保温体系

节点	保温材料	d (mm)	ψ[W/(m·K)]	|[Δt]|(K)	适用地区
外墙阴角 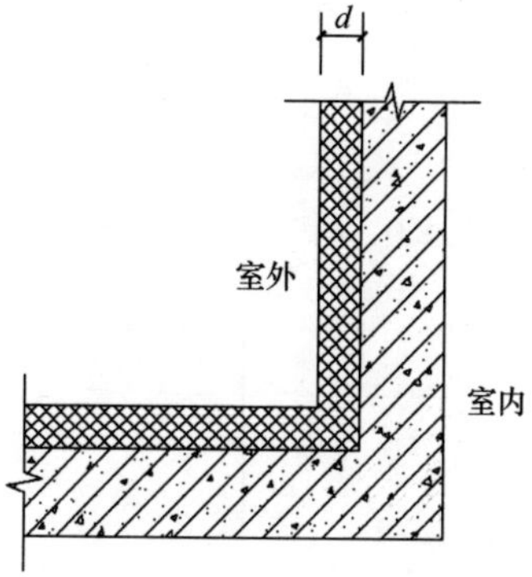 d 室外 室内	EPS、XPS PU、RW	—	0	—	A
外墙-内墙 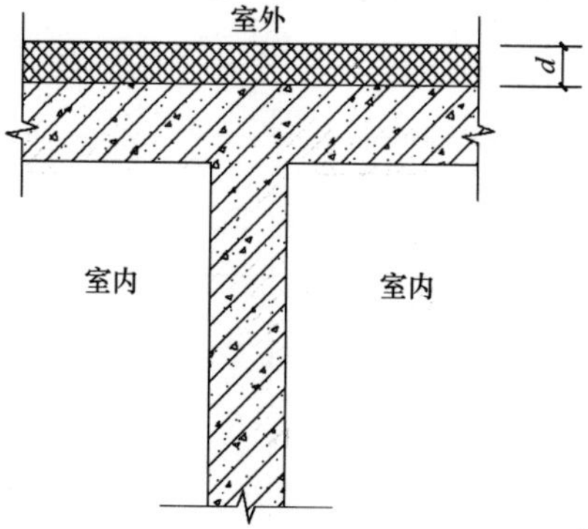 室外 d 室内　室内	EPS、XPS PU、RW	—	0	—	A

1　钢筋混凝土剪力墙结构——外保温体系

节点	保温材料	d（mm）	ψ[W/(m·K)]	|[Δt]|（K）	适用地区
外墙-楼板 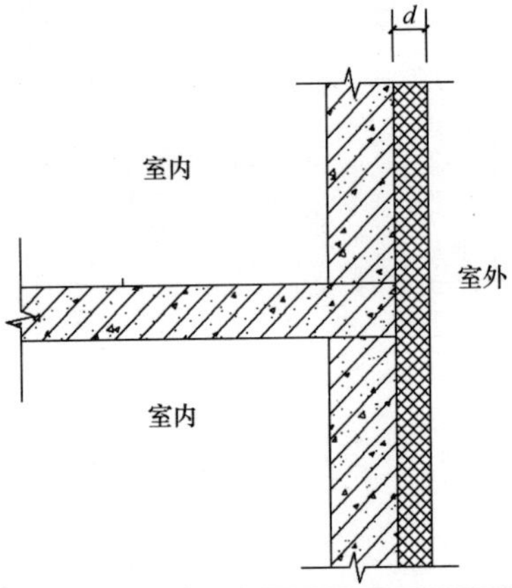	EPS、XPS PU、RW	—	0	—	A
外墙-挑板 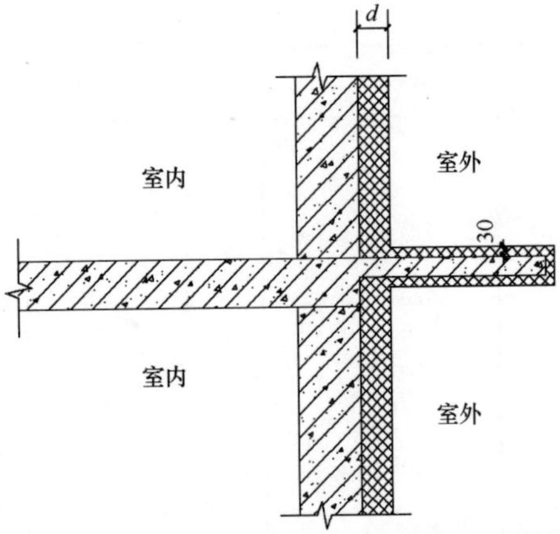	EPS	40	0.22	6.8	4B
	XPS	40	0.22	6.8	4B
		30	0.20	7.5	4B
	PU	50	0.24	6.3	4B
	RW	30	0.20	7.5	4B

1　钢筋混凝土剪力墙结构——外保温体系

节点	保温材料	d (mm)	ψ[W/(m·K)]	|[Δt]| (K)	适用地区
外窗上口(窗框在基墙上)	EPS	260	0.07	21.4	A
		190	0.07	21.4	A
		150	0.06	25.0	A
		130	0.06	—	2/3/4/5
		90	0.05	—	3/4/5
		40	0.04	—	4/5
外窗下口(窗框在基墙上)	XPS	80	0.05	—	3/4/5
		40	0.04	—	4/5
		30	0.04	—	4/5
	PU	180	0.06	25.0	A
		130	0.06	25.0	A
外窗侧口(窗框在基墙上)		100	0.05	—	A
		90	0.05	—	2/3/4/5
		60	0.05	—	3/4/5
		30	0.04	—	4/5
	RW	110	0.06	—	3/4/5
		50	0.05	—	4/5

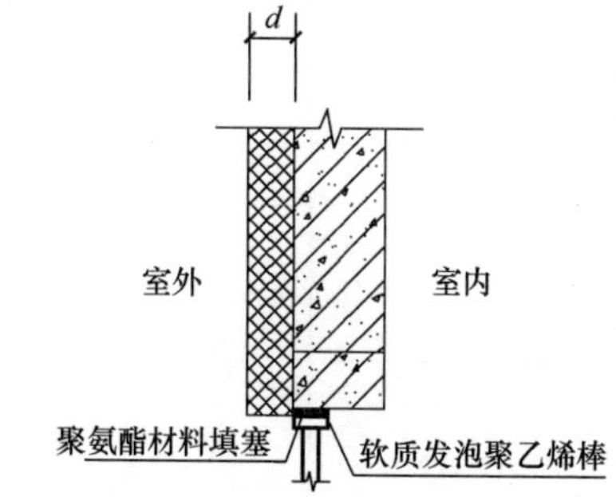

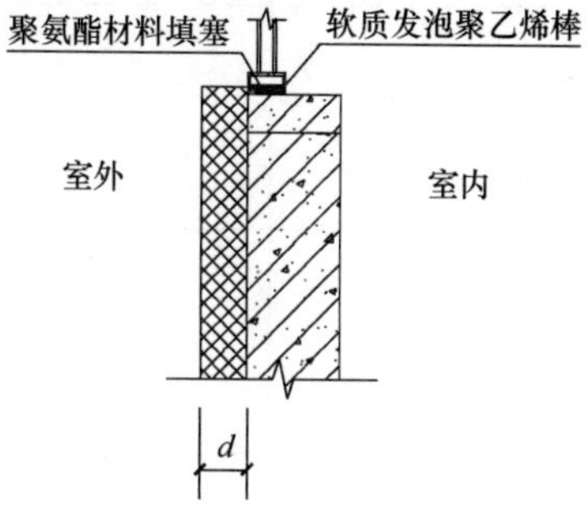

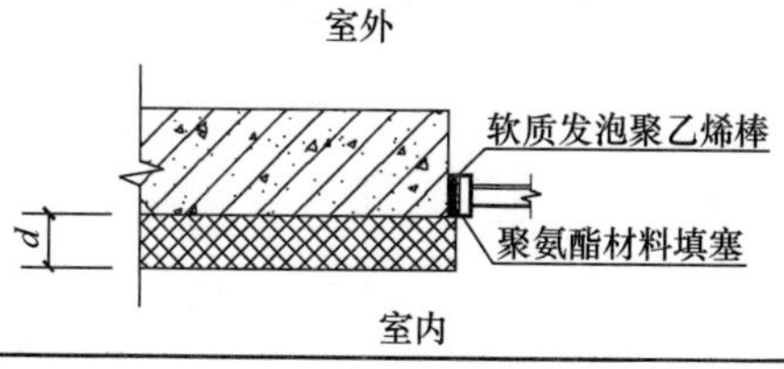

1　钢筋混凝土剪力墙结构——外保温体系

节点	保温材料	d (mm)	ψ[W/(m·K)]	|[Δt]|(K)	适用地区
外窗上口(窗框在保温层上) 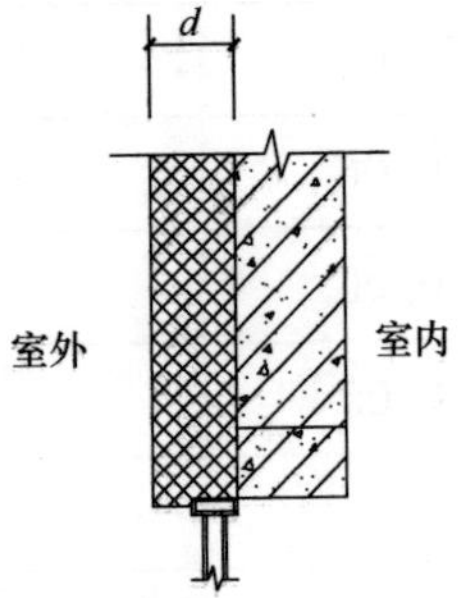 外窗下口(窗框在保温层上) 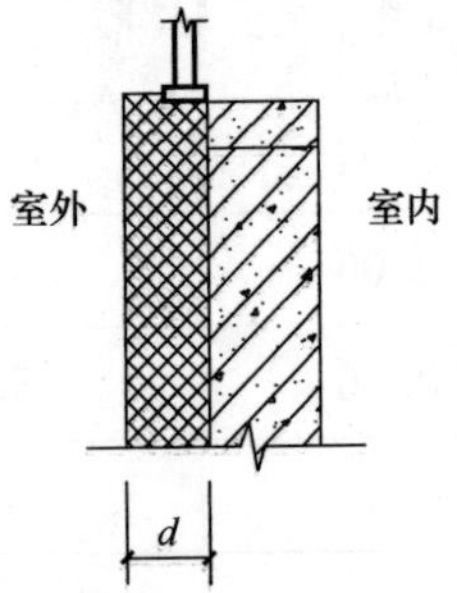 外窗侧口(窗框在保温层上) 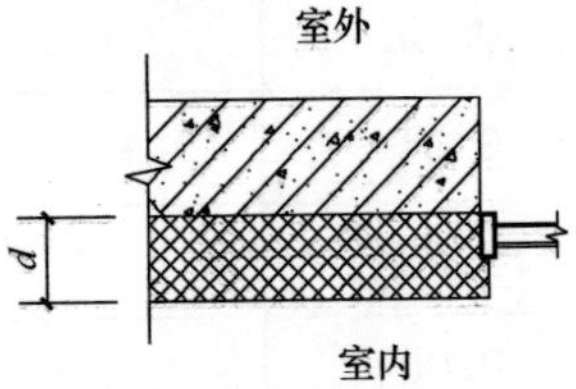	EPS	260	0.03	—	A
		190	0.02	—	A
		150	0.02	—	A
		130	0.02	—	2/3/4/5
	PU	180	0.02	—	A
		130	0.02	—	A
		100	0.01	—	A

1　钢筋混凝土剪力墙结构——外保温体系

节点	保温材料	d (mm)	ψ[W/(m·K)]	∣[Δt]∣(K)	适用地区
开敞阳台 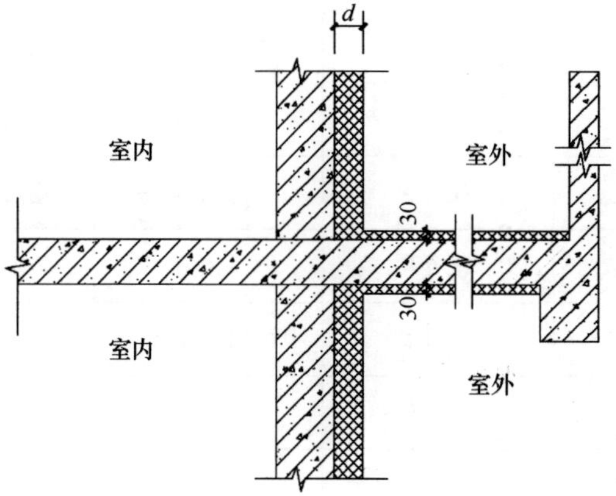	EPS	40	0.19	7.9	4B
	XPS	40	0.22	6.8	4B
		30	0.19	7.9	4B
	PU	30	0.22	6.8	4B
	RW	50	0.19	7.9	4B
封闭阳台 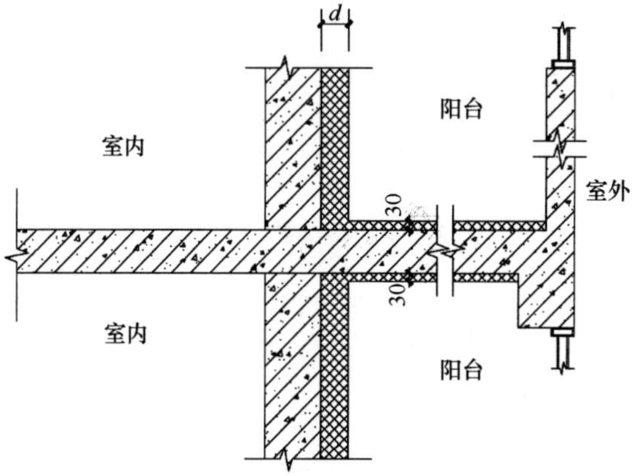	EPS	40	0.20	7.5	4B
	XPS	40	0.22	6.8	4B
		30	0.19	7.9	4B
	PU	30	0.23	6.5	4B
	RW	50	0.20	7.5	4B

1 钢筋混凝土剪力墙结构——外保温体系

节点	保温材料	d (mm)	ψ[W/(m·K)]	$\lvert[\Delta t]\rvert$ (K)	适用地区
外墙-屋面 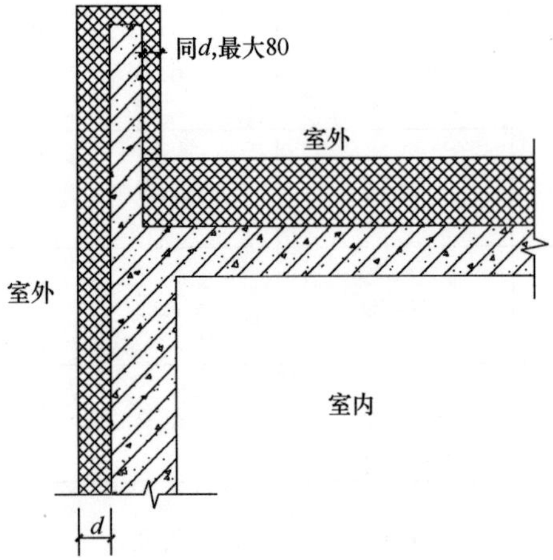 同d,最大80 室外 室外 室内 d	EPS	260	0.09	16.7	1C/2/3/4/5
		190	0.10	15.0	2/3/4/5
		150	0.11	13.6	2/3/4/5
		130	0.11	13.6	2/3/4/5
		90	0.11	13.6	3/4/5
		40	0.14	10.7	4/5
	XPS	80	0.11	13.6	3/4/5
		40	0.14	9.9	4/5
		30	0.14	10.7	5
	PU	180	0.08	18.8	1BC/2/3/4/5
		130	0.09	16.7	1C/2/3/4/5
		100	0.10	15.0	2/3/4/5
		90	0.10	15.0	2/3/4/5
		60	0.11	13.6	3/4/5
		30	0.14	10.7	4/5
	RW	50	0.14	10.7	4/5

1　钢筋混凝土剪力墙结构——外保温体系

节点	保温材料	d (mm)	ψ[W/(m·K)]	|[Δt]| (K)	适用地区
屋面退台 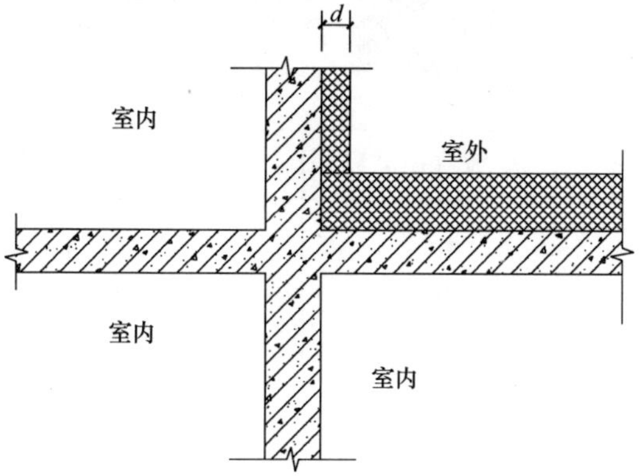 室内 室外 室内 室内 d	EPS、XPS PU、RW	—	0	—	A

2 钢筋混凝土剪力墙结构——内保温体系

钢筋混凝土剪力墙结构内保温体系是以钢筋混凝土墙为受力结构，在墙体室内侧设置保温系统。保温层可采用膨胀聚苯板、挤塑聚苯板、聚氨酯板、岩棉板等多种材料。内保温体系多用于夏热冬冷、夏热冬暖、温和地区的居住建筑。

本体系中钢筋混凝土基墙厚度为 200mm。

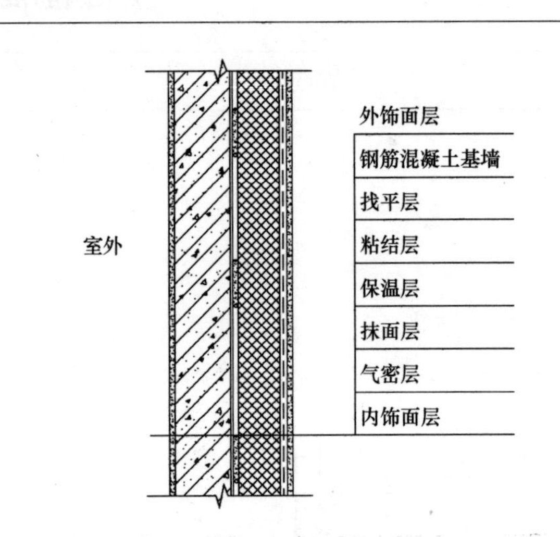

节点	保温材料	d（mm）	ψ[W/(m·K)]	|[Δt]|（K）	适用地区
外墙阳角 d 室内 室外	EPS、XPS PU、RW	—	0	—	3/4/5

2 钢筋混凝土剪力墙结构——内保温体系					
节点	保温材料	d（mm）	ψ[W/(m·K)]	|[Δt]|（K）	适用地区
外墙阴角 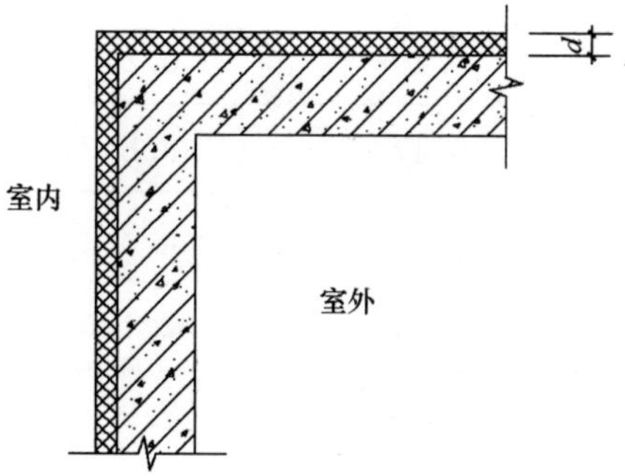 室内 室外	EPS、XPS PU、RW	—	0	—	3/4/5
外墙-内墙 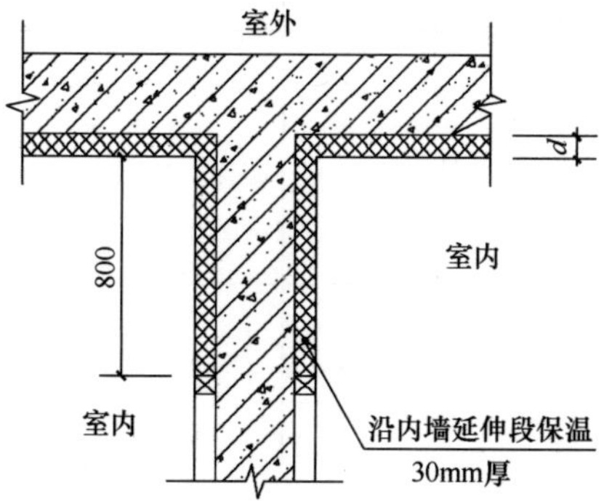 室外 800 室内 室内 沿内墙延伸段保温 30mm厚	EPS	40	0.33	4.5	4B
	XPS	30	0.29	5.2	4B
	PU	30	0.30	5.0	4B
	RW	50	0.32	4.7	4B

2 钢筋混凝土剪力墙结构——内保温体系

节点	保温材料	d (mm)	ψ[W/(m·K)]	|[Δt]|(K)	适用地区
内墙-外墙(VIP 板延伸段) 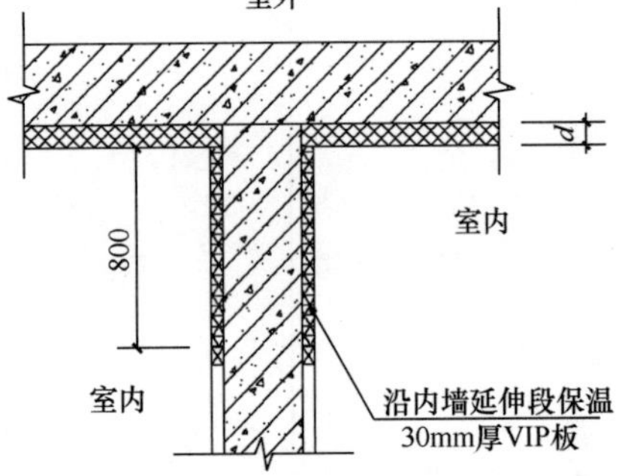 室外 室内 800 室内 沿内墙延伸段保温 30mm厚VIP板	EPS	90	0.29	5.2	4B
		40	0.19	7.9	4B
	XPS	80	0.29	5.2	4B
		30	0.17	8.8	4/5B
	PU	60	0.29	5.2	4B
		30	0.21	7.1	4B
	RW	50	0.19	7.9	4B
外墙-挑板 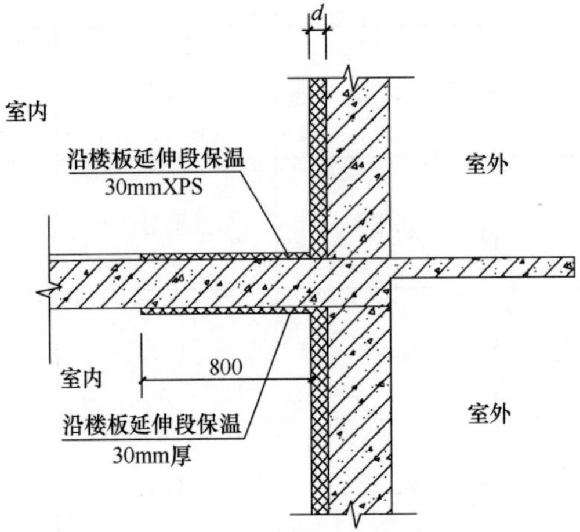 室内 室外 沿楼板延伸段保温 30mmXPS 室内 800 室外 沿楼板延伸段保温 30mm厚	EPS	40	0.28	5.4	4B
	XPS	30	0.26	5.8	4B
	PU	30	0.26	5.8	4B

2 钢筋混凝土剪力墙结构——内保温体系

<table>
<tr><th>节点</th><th>保温材料</th><th>d (mm)</th><th>ψ[W/(m·K)]</th><th>|[Δt]| (K)</th><th>适用地区</th></tr>
<tr><td rowspan="7">外墙-挑板（VIP 板延伸段） 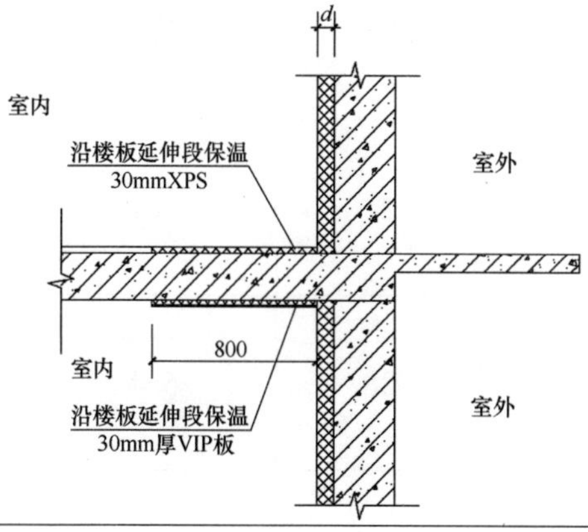
d
室内
沿楼板延伸段保温
30mmXPS
室外
室内
800
沿楼板延伸段保温
30mm厚VIP板
室外</td><td rowspan="2">EPS</td><td>90</td><td>0.27</td><td>5.6</td><td>4B</td></tr>
<tr><td>40</td><td>0.22</td><td>6.8</td><td>4B</td></tr>
<tr><td rowspan="2">XPS</td><td>80</td><td>0.28</td><td>5.4</td><td>4B</td></tr>
<tr><td>30</td><td>0.20</td><td>7.5</td><td>4B</td></tr>
<tr><td rowspan="2">PU</td><td>60</td><td>0.28</td><td>5.4</td><td>4B</td></tr>
<tr><td>30</td><td>0.23</td><td>6.5</td><td>4B</td></tr>
<tr><td>RW</td><td>50</td><td>0.21</td><td>7.1</td><td>4B</td></tr>
<tr><td rowspan="4">外墙-楼板 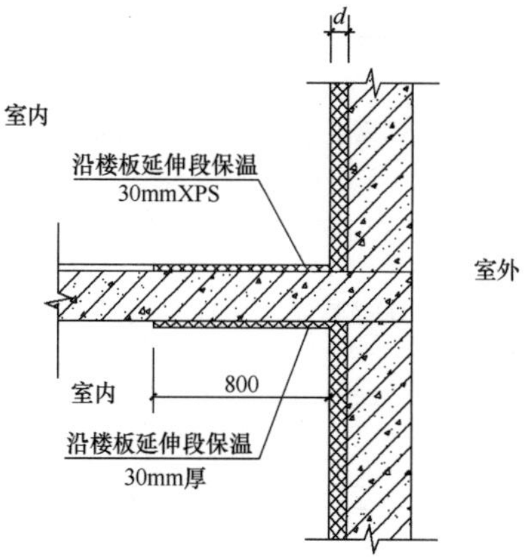
d
室内
沿楼板延伸段保温
30mmXPS
室外
室内
800
沿楼板延伸段保温
30mm厚</td><td>EPS</td><td>40</td><td>0.26</td><td>5.8</td><td>4B</td></tr>
<tr><td>XPS</td><td>30</td><td>0.26</td><td>5.8</td><td>4B</td></tr>
<tr><td>PU</td><td>30</td><td>0.28</td><td>5.4</td><td>4B</td></tr>
<tr><td>RW</td><td>50</td><td>0.29</td><td>5.2</td><td>4B</td></tr>
</table>

2 钢筋混凝土剪力墙结构——内保温体系

节点	保温材料	d（mm）	ψ[W/(m·K)]	|[Δt]|（K）	适用地区
外墙-楼板（VIP板延伸段） 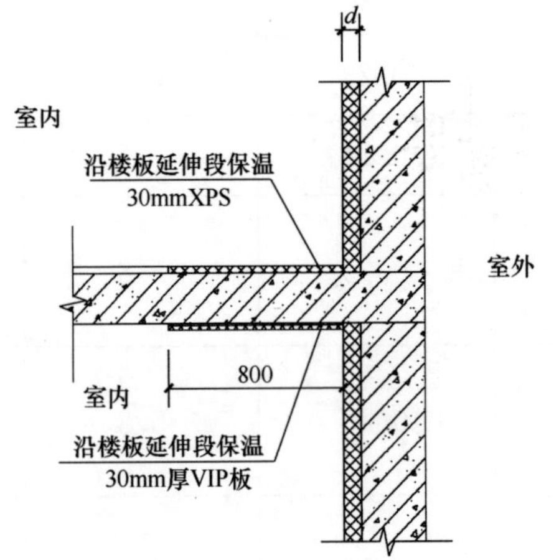	EPS	90	0.26	5.8	4B
		40	0.21	7.1	4B
	XPS	80	0.28	5.4	4B
		30	0.20	7.5	4B
	PU	60	0.28	5.4	4B
		30	0.23	6.5	4B
	RW	50	0.21	7.1	4B

室内
沿楼板延伸段保温
30mmXPS
室外
800
室内
沿楼板延伸段保温
30mm厚VIP板
d

2 钢筋混凝土剪力墙结构——内保温体系

节点	保温材料	d (mm)	ψ[W/(m·K)]	$\lvert[\Delta t]\rvert$ (K)	适用地区
外窗上口 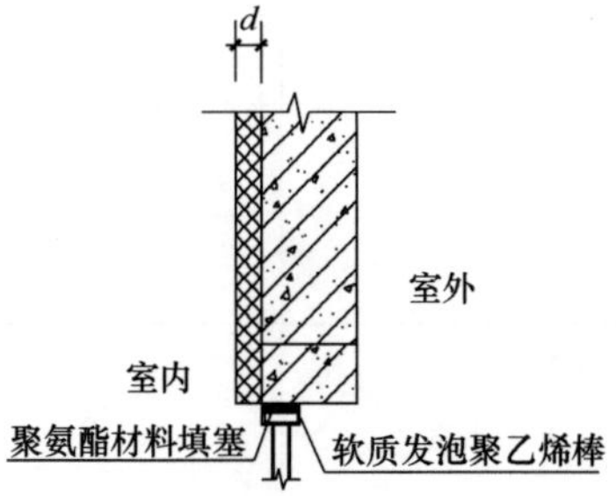 外窗下口 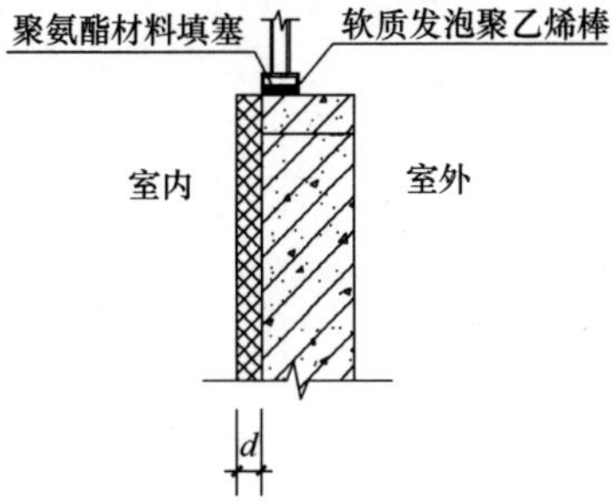 外窗侧口 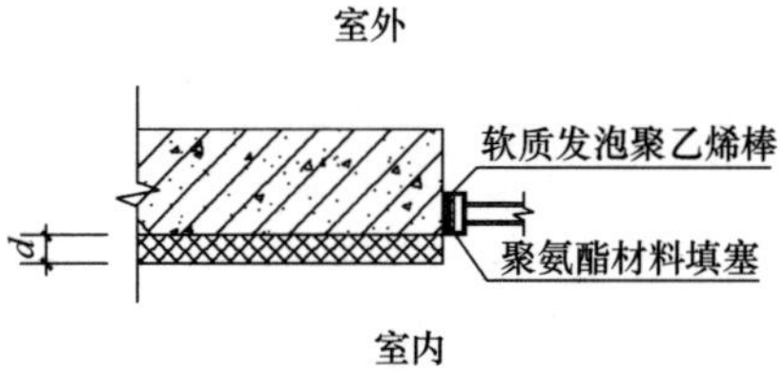	EPS	90	0.04	—	3/4/5
		40	0.03	—	4/5
	XPS	80	0.04	—	3/4/5
		30	0.02	—	4/5
	PU	60	0.03	—	3/4/5
		30	0.02	—	4/5
	RW	50	0.03	—	4/5

2　钢筋混凝土剪力墙结构——内保温体系

节点	保温材料	d（mm）	ψ[W/(m·K)]	∣[Δt]∣（K）	适用地区
开敞阳台 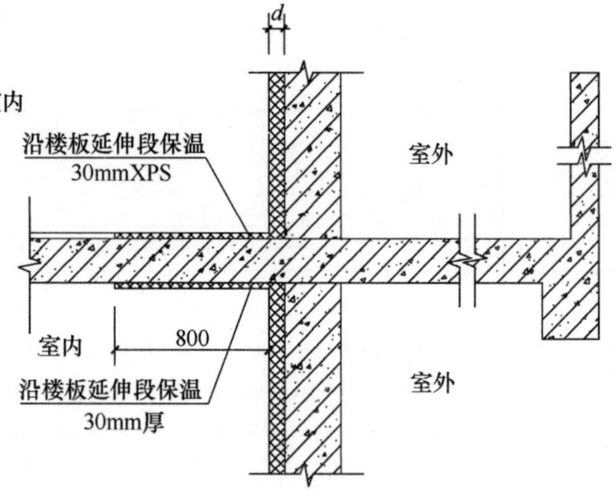	EPS	40	0.28	5.4	4B
	XPS	30	0.26	5.8	4B
	PU	30	0.27	5.6	4B
	RW	50	0.28	5.4	4B
开敞阳台（VIP 板延伸段） 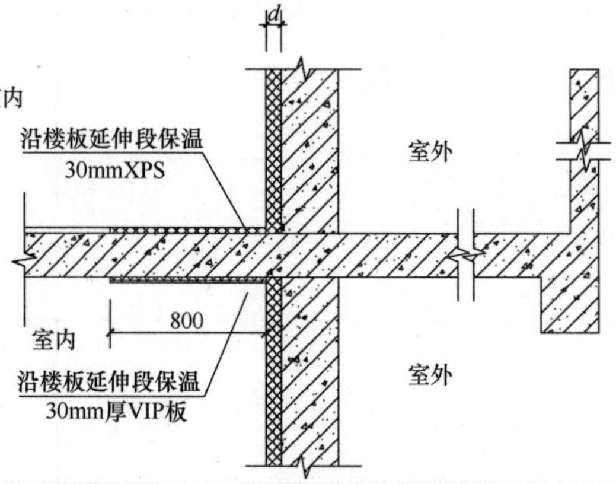	EPS	90	0.26	5.8	4B
	XPS	80	0.28	5.4	4B
	PU	60	0.28	5.4	4B

2　钢筋混凝土剪力墙结构——内保温体系

节点	保温材料	d (mm)	ψ[W/(m·K)]	|[Δt]| (K)	适用地区
封闭阳台 d 室内 阳台 沿楼板延伸段保温 30mmXPS 室外 室内 800 沿楼板延伸段保温 30mm厚 阳台 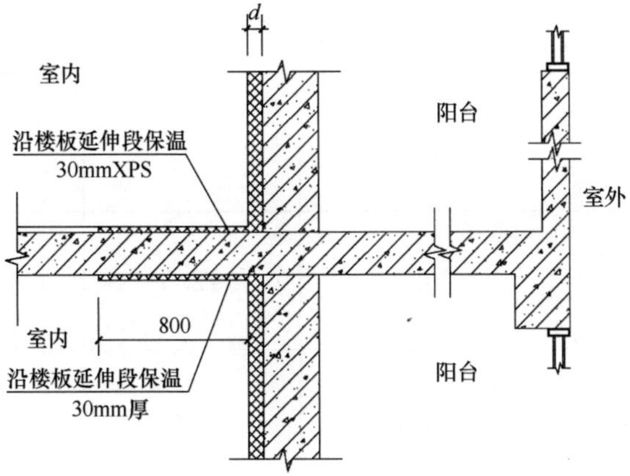	EPS	40	0.25	6.0	4B
	XPS	30	0.23	6.5	4B
	PU	30	0.25	6.0	4B
	RW	50	0.26	5.8	4B
封闭阳台(VIP 板延伸段) 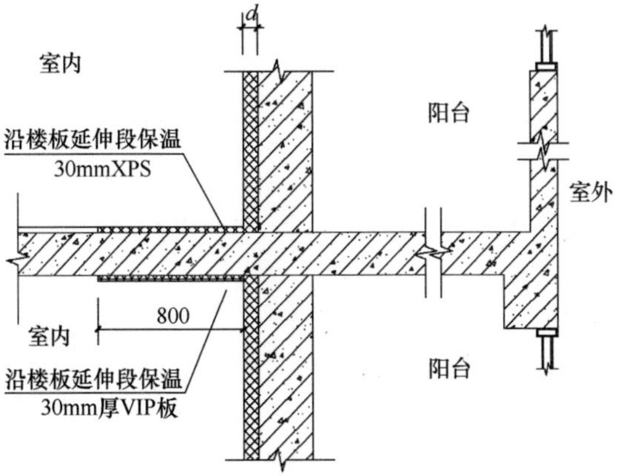 d 室内 阳台 沿楼板延伸段保温 30mmXPS 室外 室内 800 沿楼板延伸段保温 30mm厚VIP板 阳台	EPS	90	0.24	6.3	4B
	XPS	80	0.26	5.8	4B
	PU	60	0.26	5.8	4B

2 钢筋混凝土剪力墙结构——内保温体系

节点	保温材料	d（mm）	ψ[W/(m·K)]	|[Δt]|（K）	适用地区
外墙-屋面 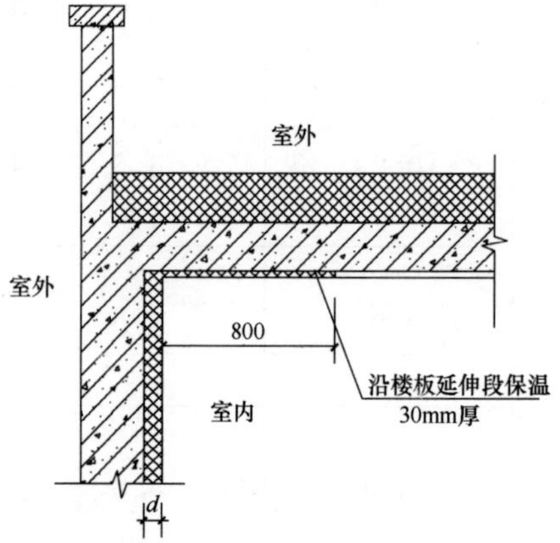	EPS	40	0.14	10.7	4/5
	XPS	30	0.12	12.5	4/5
	PU	30	0.12	12.5	4/5
	RW	50	0.16	9.4	4/5B
外墙-屋面（VIP 板延伸段） 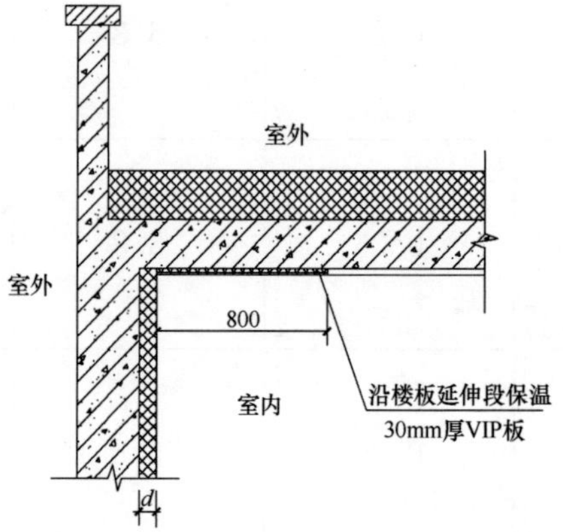	EPS	90	0.08	18.8	3/4/5
	XPS	80	0.08	18.8	3/4/5
	PU	60	0.09	16.7	3/4/5

2　钢筋混凝土剪力墙结构——内保温体系

节点	保温材料	d（mm）	ψ[W/(m·K)]	|[Δt]|（K）	适用地区
屋面退台 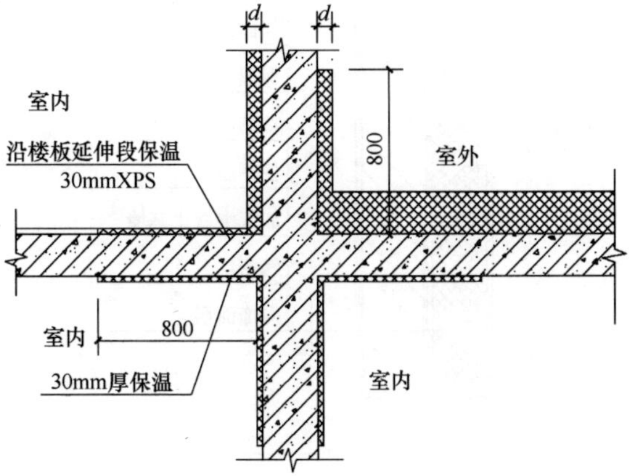	EPS	40	0	—	3/4/5
	XPS	30			
	PU	30			
	RW	50			
屋面退台（VIP 板延伸段） 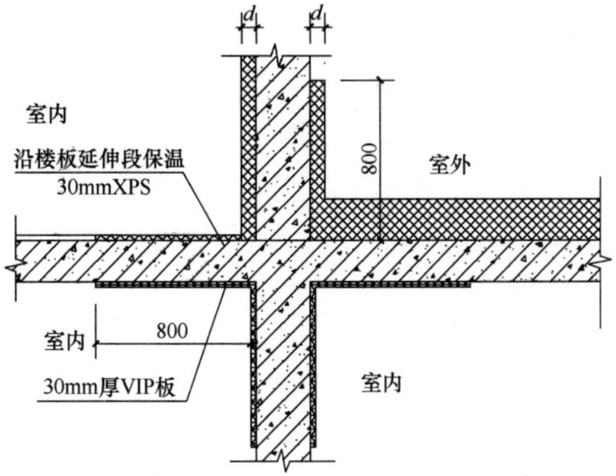	EPS	90	0	—	3/4/5
	XPS	80			
	PU	60			

3 钢筋混凝土框架结构——外保温体系

钢筋混凝土框架结构外保温体系是以钢筋混凝土框架为受力结构，在框架梁、柱间用砌块或板材填充，并将保温系统设置在填充墙体的室外侧。保温层可采用膨胀聚苯板、挤塑聚苯板、聚氨酯板、岩棉板等多种材料。外保温体系多用于各气候区的公共建筑。

本体系中填充墙体为 200mm 加气混凝土砌块（或板材），钢筋混凝土柱 400mm×400mm，梁 250mm×400mm。

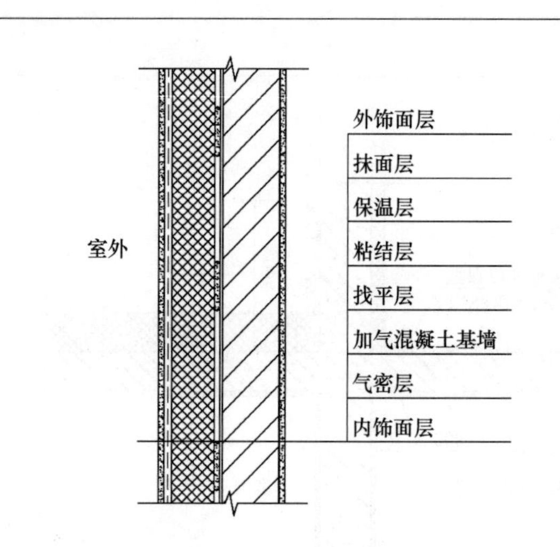

节点	保温材料	d（mm）	ψ[W/(m·K)]	|[Δt]|（K）	适用地区
外墙阳角	EPS	210	0.02	—	A
		140	0.03	—	A
		100	0.04	—	A
		70	0.06	—	2/3/4/5
		40	0.10	—	3/4/5
	XPS	80	0.04	—	A
		60	0.05	—	2/3/4/5
		30	0.11	13.6	3/4/5
	PU	140	0.02	—	A
		100	0.02	—	A
		70	0.03	—	A
		50	0.05	—	2/3/4/5
		30	0.09	—	3/4/5
	RW	80	0.06	—	2/3/4/5
		50	0.10	—	3/4/5

3 钢筋混凝土框架结构——外保温体系

节点	保温材料	d（mm）	ψ[W/(m·K)]	|[Δt]|（K）	适用地区
外墙阴角 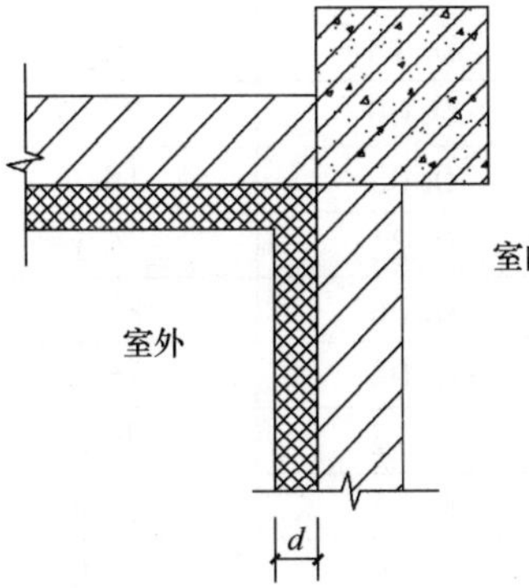	EPS	＞100	0.01	—	A
		70	0.02	—	2/3/4/5
		40	0.03	—	3/4/5
	XPS	80	0.02	—	A
		60	0.02	—	2/3/4/5
		30	0.03	—	3/4/5
	PU	＞70	0.01	—	A
		50	0.02	—	2/3/4/5
		30	0.03	—	3/4/5
	RW	80	0.02	—	2/3/4/5
		50	0.03	—	3/4/5
外墙-内墙 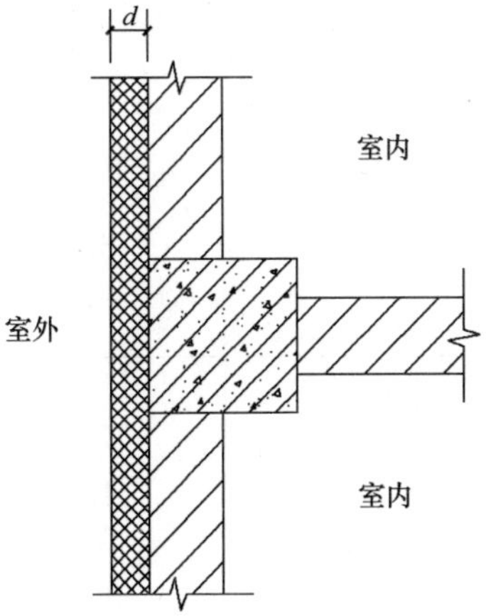	EPS	＞100	0.06	25.0	A
		70	0.10	15.0	2/3/4/5
		40	0.18	8.3	4/5B
	XPS	80	0.06	25.0	A
		60	0.09	16.7	2/3/4/5
		30	0.21	7.1	4B
	PU	＞70	0.06	25.0	A
		50	0.09	16.7	2/3/4/5
		30	0.17	8.8	4/5B
	RW	80	0.11	13.6	2/3/4/5
		50	0.18	8.3	4/5B

3 钢筋混凝土框架结构——外保温体系

节点	保温材料	d (mm)	ψ[W/(m·K)]	$\lvert[\Delta t]\rvert$ (K)	适用地区
外墙-楼板 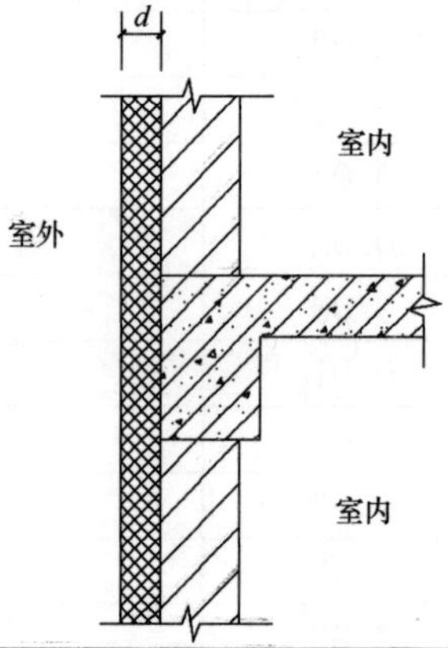 室内 室外 室内	EPS	>100	0.06	25.0	A
		70	0.10	15.0	2/3/4/5
		40	0.18	8.3	4/5B
	XPS	80	0.06	25.0	A
		60	0.09	16.7	2/3/4/5
		30	0.21	7.1	4B
	PU	>70	0.06	25.0	A
		50	0.09	16.7	2/3/4/5
		30	0.17	8.8	4/5B
	RW	80	0.11	13.6	2/3/4/5
		50	0.18	8.3	4/5B
外墙-挑板 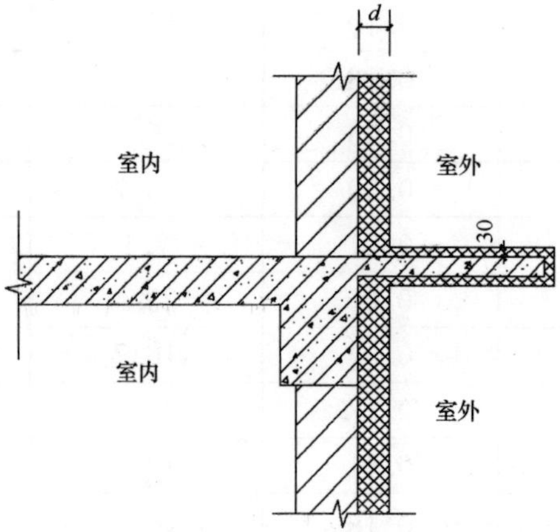 室内 室外 30 室内 室外	EPS	40	0.39	3.8	4B
	XPS	30	0.40	3.8	4B
	PU	30	0.36	4.2	4B

3　钢筋混凝土框架结构——外保温体系

节点	保温材料	d (mm)	ψ[W/(m·K)]	$\|[\Delta t]\|$ (K)	适用地区
外窗上口（窗框在基墙上） 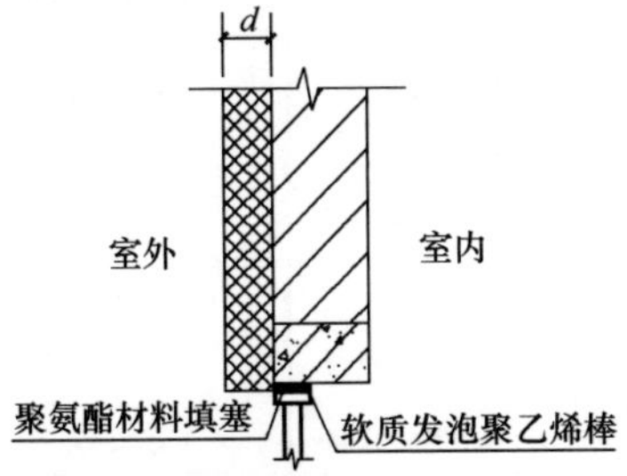 外窗下口（窗框在基墙上） 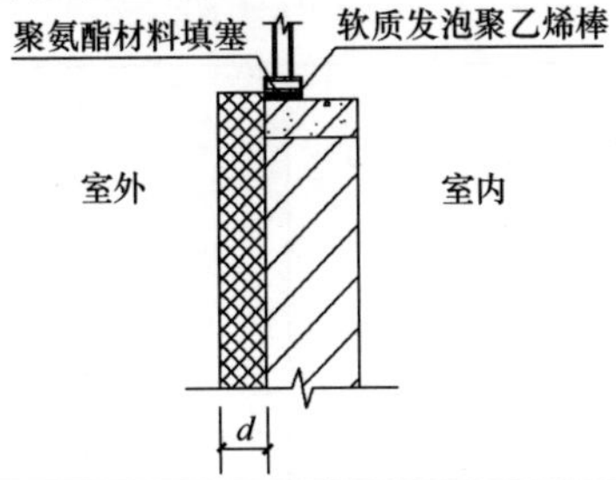	EPS	70	0.03	—	2/3/4/5
		40	0.03	—	3/4/5
	XPS	80	0.03	—	A
		60	0.03	—	2/3/4/5
		30	0.03	—	3/4/5
	PU	70	0.03	—	A
		50	0.03	—	2/3/4/5
		30	0.03	—	3/4/5
	RW	80	0.03	—	2/3/4/5
		50	0.03	—	3/4/5
外窗侧口（窗框在基墙上） 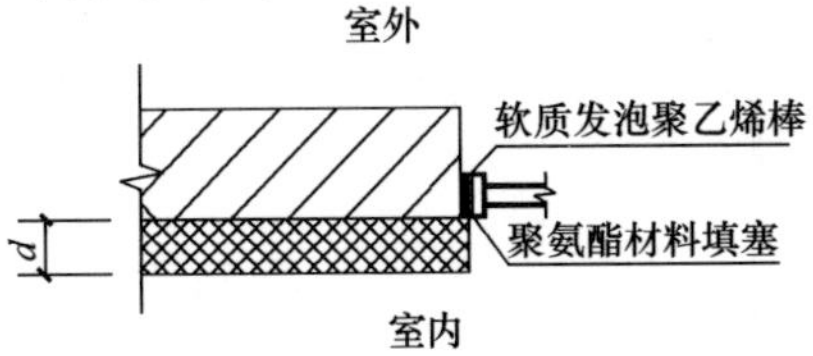	EPS	70	0.02	—	2/3/4/5
		40	0.02	—	3/4/5
	XPS	80	0.02	—	A
		60	0.02	—	2/3/4/5
		30	0.02	—	3/4/5
	PU	70	0.02	—	A
		50	0.02	—	2/3/4/5
		30	0.02	—	3/4/5
	RW	80	0.02	—	2/3/4/5
		50	0.02	—	3/4/5

3　钢筋混凝土框架结构——外保温体系

节点	保温材料	d (mm)	ψ[W/(m·K)]	$\lvert[\Delta t]\rvert$ (K)	适用地区
外窗上口(窗框在保温层上) 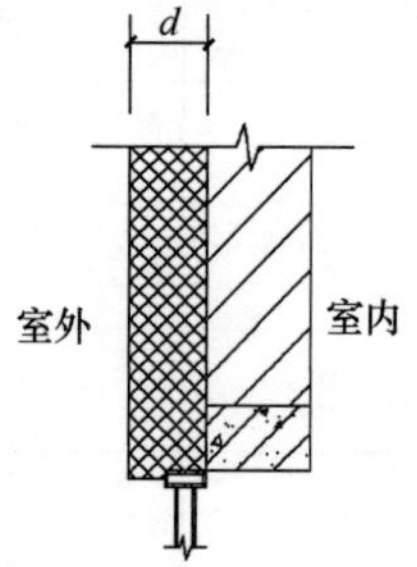 外窗下口(窗框在保温层上) 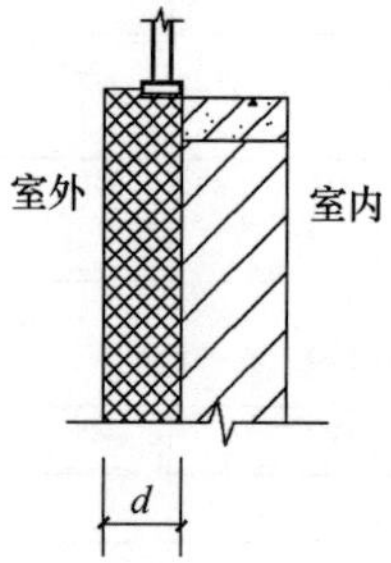 外窗侧口(窗框在保温层上) 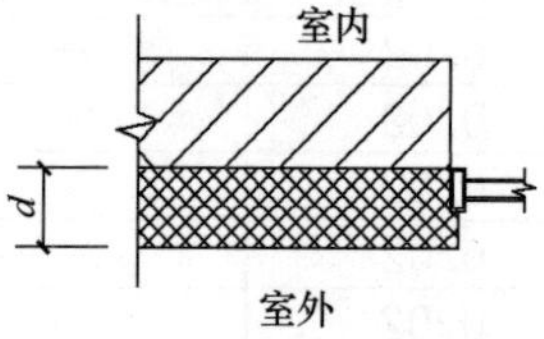	EPS	210	0.06	25.0	A
		140	0.06	25.0	A
		100	0.06	25.0	A
	PU	140	0.05	—	A
		100	0.06	25.0	A

3　钢筋混凝土框架结构——外保温体系

节点	保温材料	d（mm）	ψ[W/(m·K)]	|[Δt]|（K）	适用地区
开敞阳台	XPS	30	0.39	3.8	4B
	PU	30	0.36	4.2	4B
封闭阳台	EPS	40	0.37	4.1	4B
	XPS	30	0.38	3.9	4B
	PU	50	0.32	4.7	4B
		30	0.35	4.3	4B
	RW	50	0.36	4.2	4B

3 钢筋混凝土框架结构——外保温体系

节点	保温材料	d（mm）	ψ[W/(m·K)]	|[Δt]|（K）	适用地区
外墙-屋面 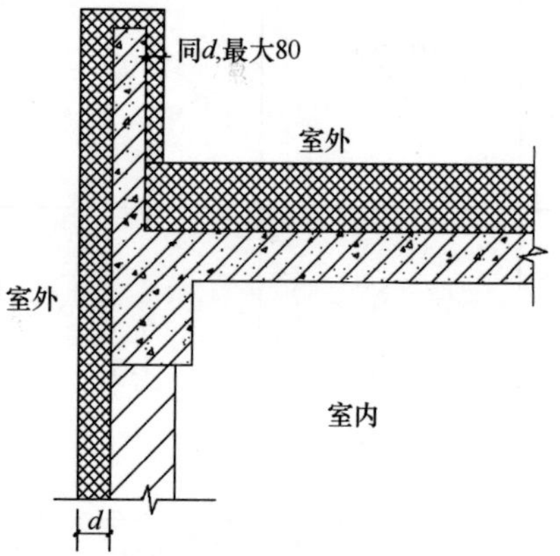 同d,最大80 室外 室外 室内 d	EPS	40	0.12	12.5	3/4/5
	XPS	30	0.12	12.5	3/4/5
	PU	30	0.12	12.5	3/4/5
	RW	50	0.11	13.6	3/4/5
屋面退台 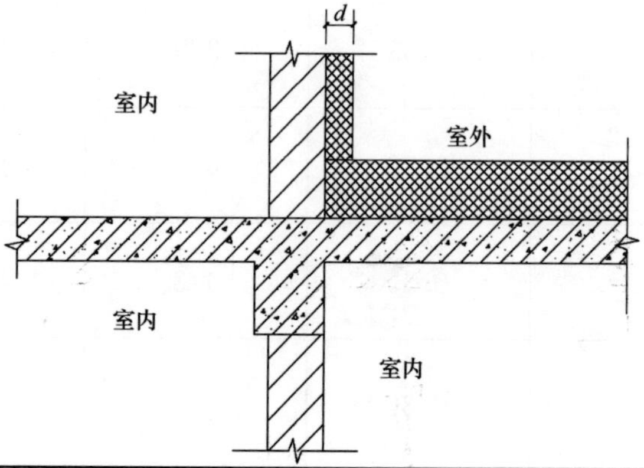 d 室内 室外 室内 室内	EPS、XPS PU、RW	—	0	—	A

4 钢筋混凝土框架结构——自保温体系（外包式）

钢筋混凝土框架结构自保温体系（外包式）是以钢筋混凝土框架为受力结构，在框架梁、柱外侧用砌块或板材填充，利用填充墙体实现保温的围护结构体系。自保温体系（外包式）多用于夏热冬暖与温和地区的公共建筑。

本体系中填充墙体为200mm加气混凝土砌块（或板材），钢筋混凝土柱400mm×400mm，梁250mm×400mm。

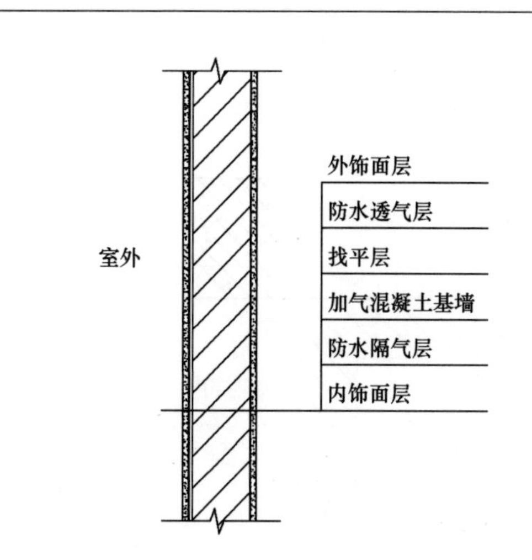

节点	保温材料	d (mm)	ψ[W/(m·K)]	|[Δt]|(K)	适用地区
外墙阳角 室外 室内	—	—	0	—	4/5

4 钢筋混凝土框架结构——自保温体系（外包式）

节点	保温材料	d（mm）	ψ[W/(m·K)]	|[Δt]|（K）	适用地区
外墙阴角 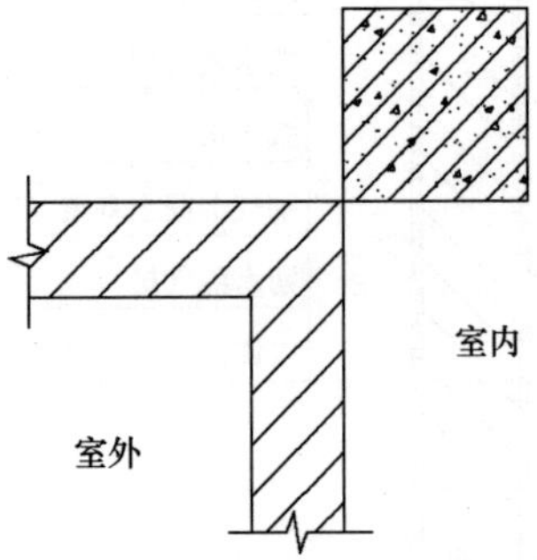 室内 室外	—	—	0	—	4/5
外墙-内墙 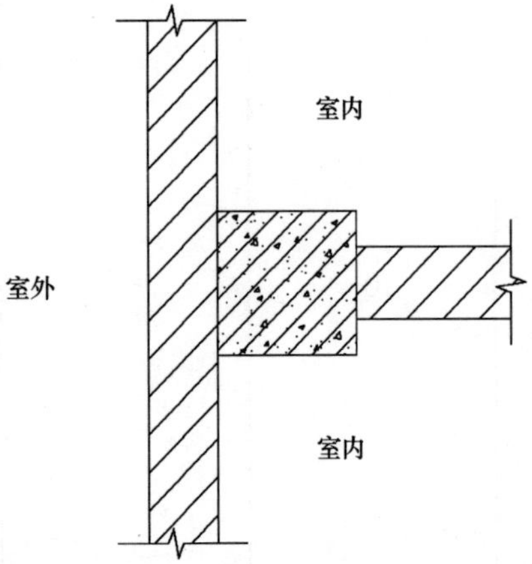 室内 室外 室内	—	—	0	—	4/5

4 钢筋混凝土框架结构——自保温体系（外包式）

节点	保温材料	d（mm）	ψ[W/(m·K)]	|[Δt]|（K）	适用地区
外墙-楼板 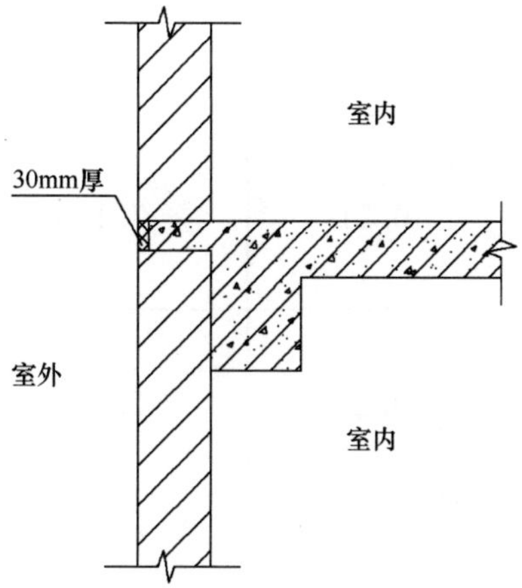	EPS	30	0.12	12.5	4/5
	XPS	30	0.12	12.5	4/5
	PU	30	0.11	13.6	4/5
	RW	30	0.13	11.5	4/5
外墙-挑板（内侧保温） 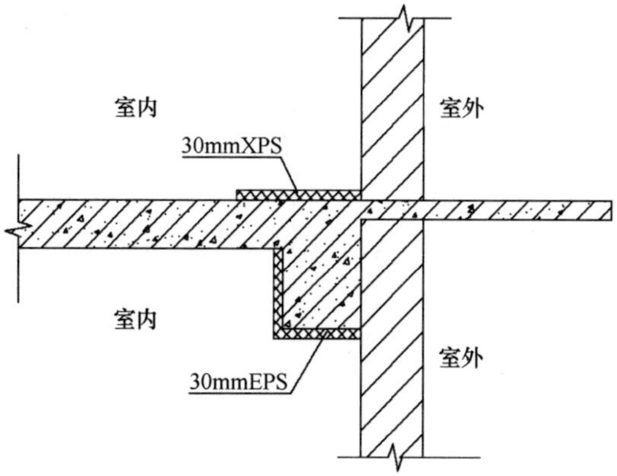	如图	—	0.21	7.1	4B

4 钢筋混凝土框架结构——自保温体系（外包式）

节点	保温材料	d（mm）	ψ[W/(m·K)]	$\lvert[\Delta t]\rvert$（K）	适用地区
外墙-挑板（外侧保温） 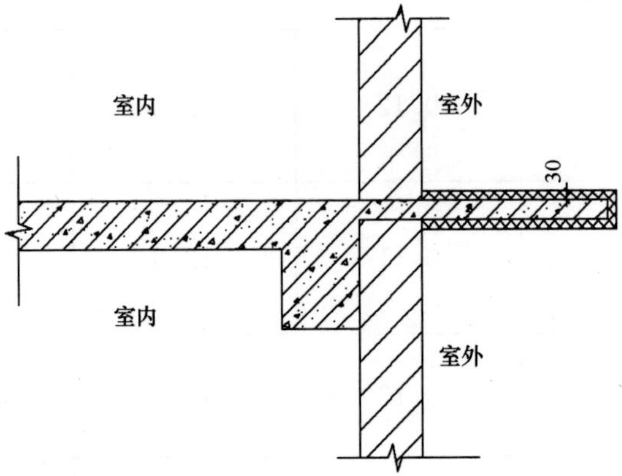 室内 室外 30 室内 室外	EPS	30	0.21	7.1	4B
	XPS	30	0.21	7.1	4B
	PU	30	0.20	7.5	4B
	RW	30	0.22	6.8	4B
外窗下口 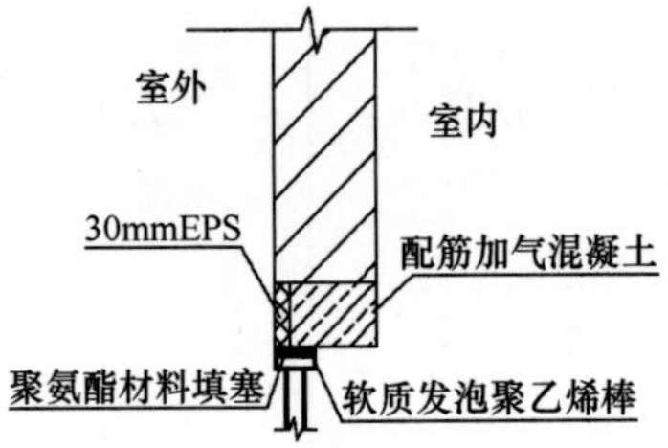 室外 室内 30mmEPS 配筋加气混凝土 聚氨酯材料填塞 软质发泡聚乙烯棒	如图	—	0.08	18.8	4/5

4 钢筋混凝土框架结构——自保温体系（外包式）

节点	保温材料	d（mm）	ψ[W/(m·K)]	$\lvert[\Delta t]\rvert$（K）	适用地区
外窗下口 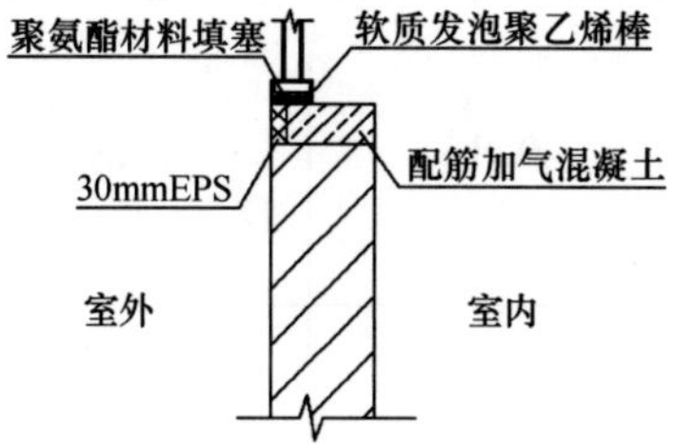 聚氨酯材料填塞 软质发泡聚乙烯棒 配筋加气混凝土 30mmEPS 室外 室内	如图	—	0.05	—	4/5
外窗侧口 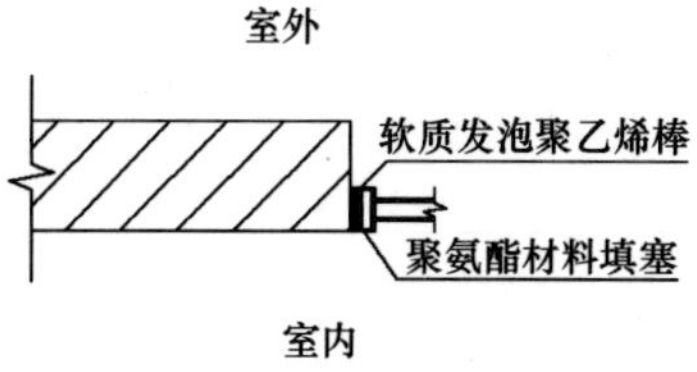 室外 软质发泡聚乙烯棒 聚氨酯材料填塞 室内	如图	—	0.03	—	4/5

4 钢筋混凝土框架结构——自保温体系（外包式）

节点	保温材料	d (mm)	ψ[W/(m·K)]	|[Δt]|(K)	适用地区
开敞阳台 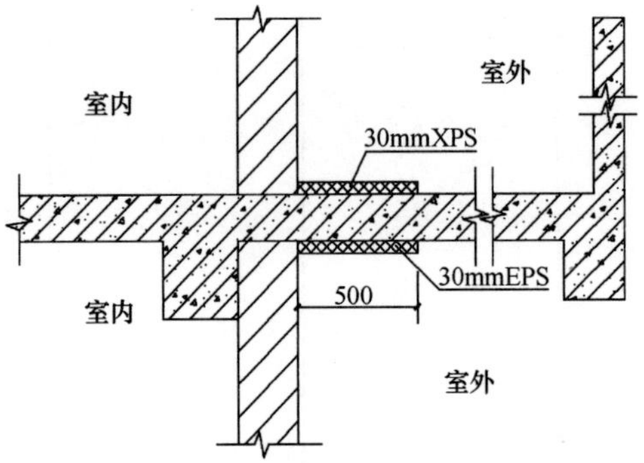	无	0	0.39	3.8	4B
	如图	30	0.15	10.0	4/5B
	通长满铺	30	0.14	10.7	4/5
封闭阳台 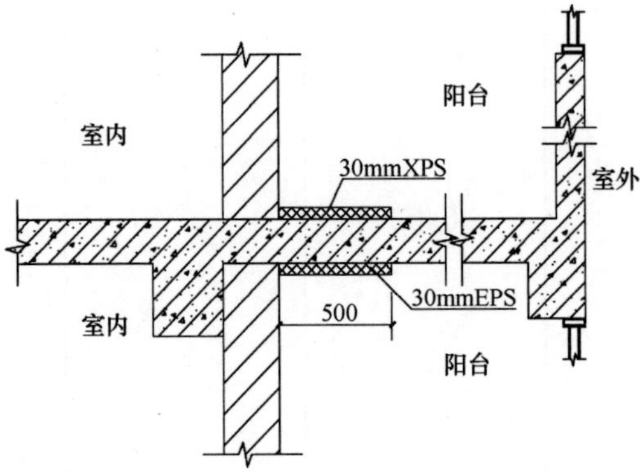	无	0	0.39	3.8	4B
	如图	30	0.15	10.0	4/5B
	通长满铺	30	0.14	10.7	4/5

4 钢筋混凝土框架结构——自保温体系（外包式）

节点	保温材料	d（mm）	ψ[W/(m·K)]	$\|[\Delta t]\|$（K）	适用地区
外墙-屋面 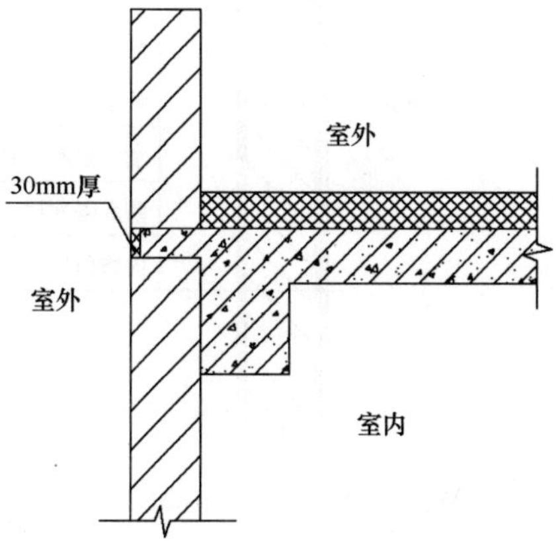	EPS	30	0.16	9.4	4/5B
	XPS	30	0.15	10.0	4/5
	PU	30	0.15	10.0	4/5
	RW	30	0.16	9.4	4/5B
屋面退台 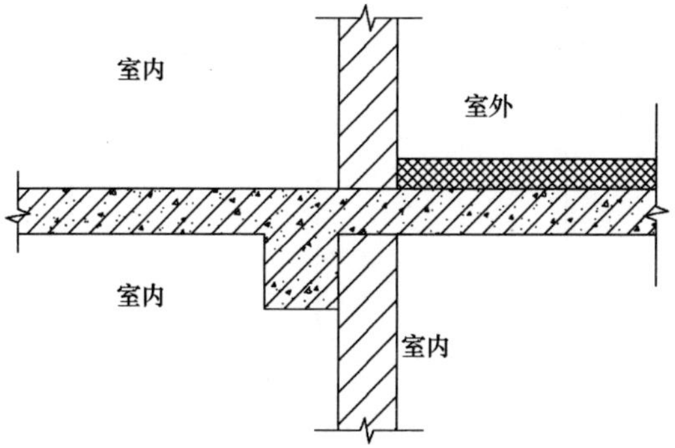	—	—	0	—	4/5

5 钢筋混凝土框架结构——自保温体系（平齐式）

钢筋混凝土框架结构自保温体系（平齐式）是以钢筋混凝土框架为受力结构，在框架梁、柱间用砌块或板材填充，利用填充墙体实现保温的围护结构体系。自保温体系（平齐式）多用于夏热冬暖、温和地区的公共建筑。

本体系中填充墙体为200mm加气混凝土砌块（或板材），钢筋混凝土柱400mm×400mm，梁250mm×400mm。

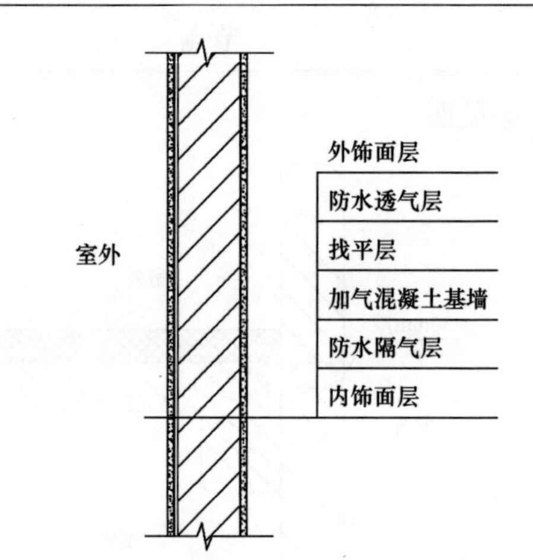

节点	保温材料	d（mm）	ψ[W/(m·K)]	|[Δt]|（K）	适用地区
外墙阳角 室外 40mm厚EPS 室内	如图	—	0	—	4/5

5 钢筋混凝土框架结构——自保温体系（平齐式）

节点	保温材料	d（mm）	ψ[W/(m·K)]	|[Δt]|（K）	适用地区
外墙阴角 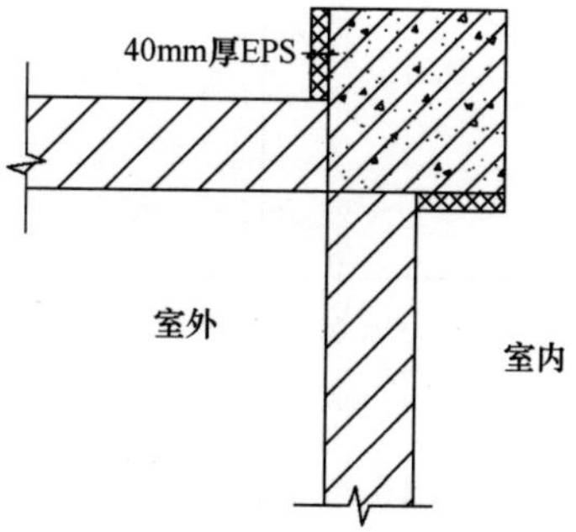 40mm厚EPS 室外 室内	如图	—	0.14	10.7	4/5
外墙-内墙 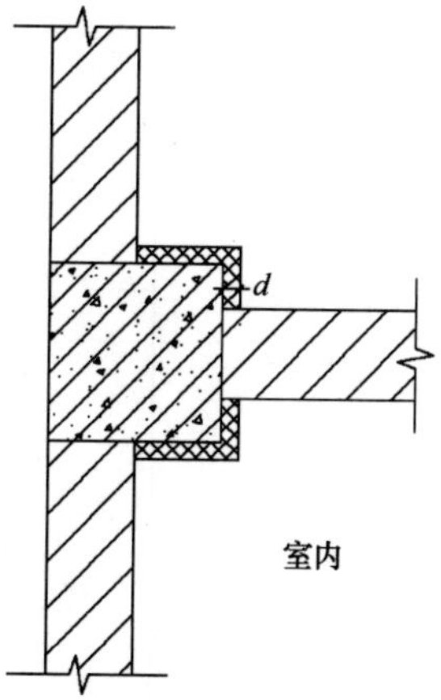 室外 d 室内	EPS	40	0.38	3.9	4B
	VIP	40	0.14	10.7	4/5

5 钢筋混凝土框架结构——自保温体系（平齐式）

节点	保温材料	d（mm）	ψ[W/(m·K)]	|[Δt]|（K）	适用地区
外墙-楼板 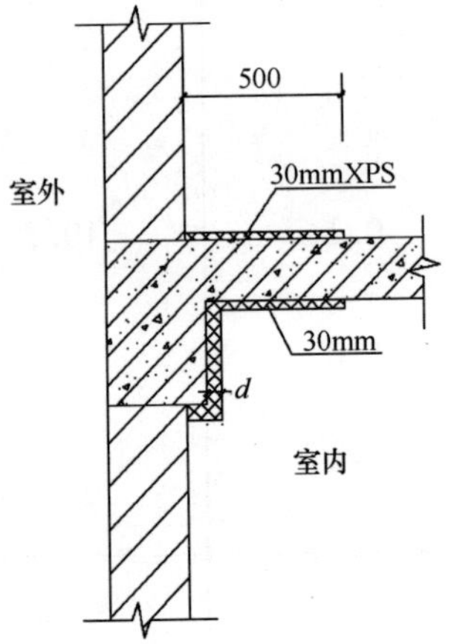	EPS	40	0.43	3.5	4B
	VIP	40	0.15	10.0	4/5
外墙-挑板 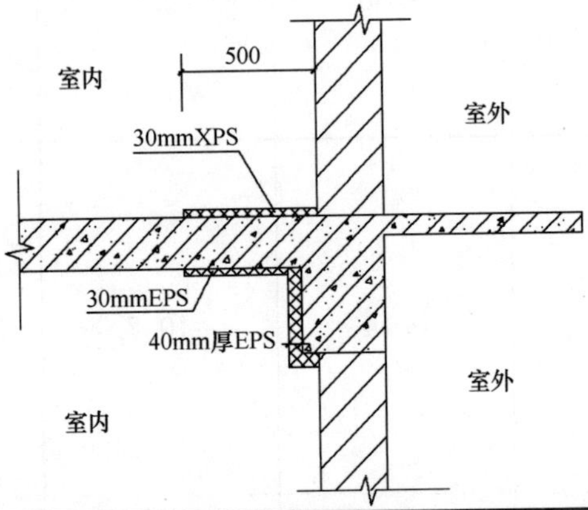	如图	—	0.43	3.5	4B

5　钢筋混凝土框架结构——自保温体系（平齐式）					
节点	保温材料	d（mm）	ψ[W/(m·K)]	|[Δt]|（K）	适用地区
外窗上口 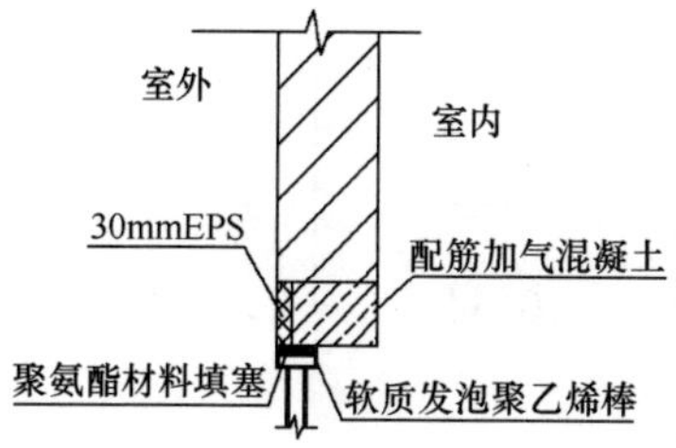 室外 室内 30mmEPS 配筋加气混凝土 聚氨酯材料填塞 软质发泡聚乙烯棒	如图	—	0.08	—	4/5
外窗下口 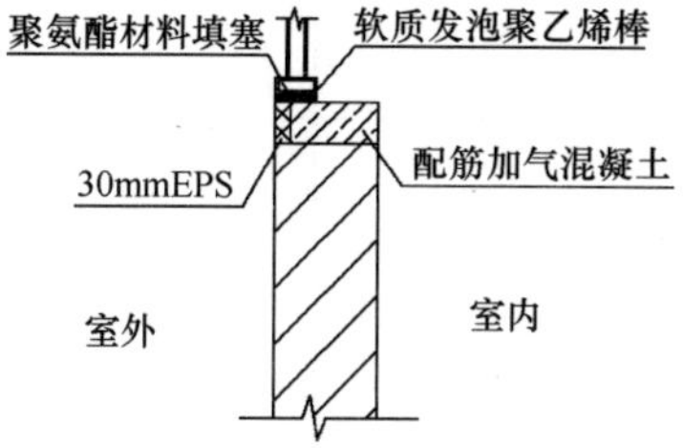 聚氨酯材料填塞 软质发泡聚乙烯棒 配筋加气混凝土 30mmEPS 室外 室内	如图	—	0.05	—	4/5
外窗侧口 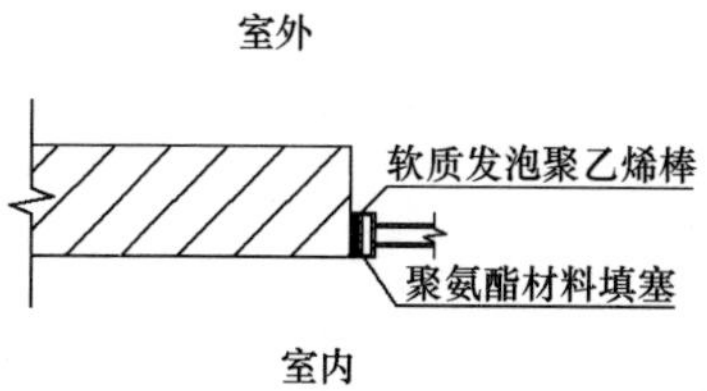 室外 软质发泡聚乙烯棒 聚氨酯材料填塞 室内	如图	—	0.03	—	4/5

5 钢筋混凝土框架结构——自保温体系（平齐式）

节点	保温材料	d（mm）	ψ[W/(m·K)]	|[Δt]|（K）	适用地区
开敞阳台 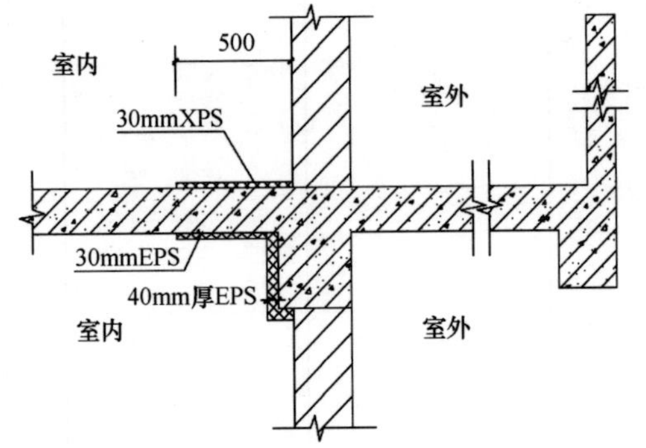 室内 500 室外 30mmXPS 30mmEPS 40mm厚EPS 室内 室外	如图	—	0.44	3.4	4B
封闭阳台 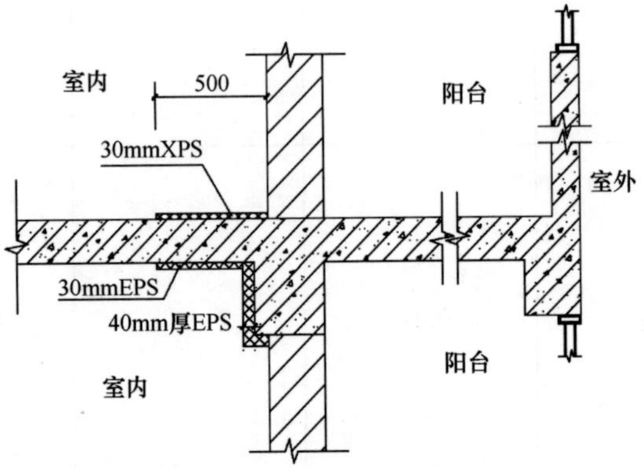 室内 500 阳台 30mmXPS 室外 30mmEPS 40mm厚EPS 阳台 室内	如图	—	0.37	4.1	4B

5　钢筋混凝土框架结构——自保温体系（平齐式）

节点	保温材料	d（mm）	ψ[W/(m·K)]	|[Δt]|（K）	适用地区
外墙-屋面 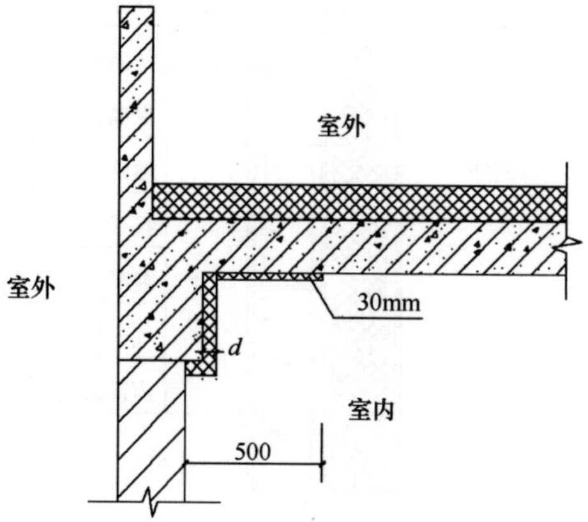	EPS	40	0.19	7.9	4B/5B
	VIP	30	0	—	4/5
屋面退台 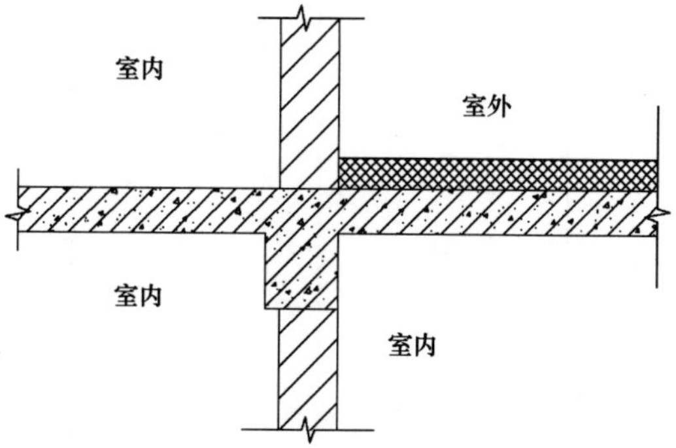	如图	—	0	—	4/5

6 砌体结构——外保温体系

砌体结构外保温体系是以砌体墙为受力结构，在墙体室外侧设置保温系统。保温层可采用膨胀聚苯板、挤塑聚苯板、聚氨酯板、岩棉板等多种材料。外保温体系多用于各气候区的居住建筑。

本体系中砌体材料为190mm混凝土空心砌块。

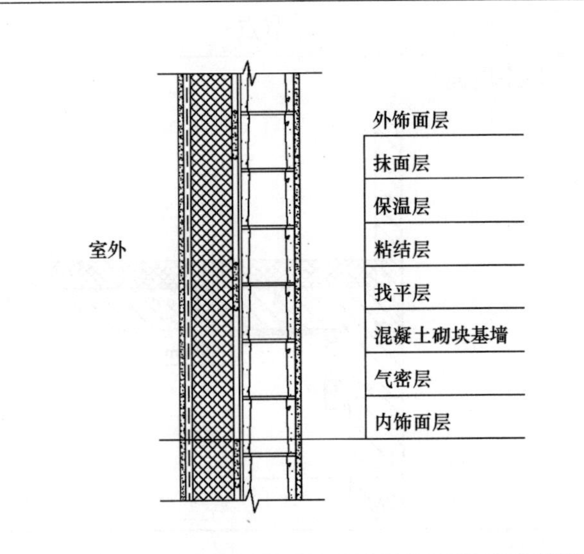

节点	保温材料	d（mm）	ψ[W/(m·K)]	|[Δt]|（K）	适用地区
外墙阳角	EPS、XPS PU、RW	—	0	—	A

6 砌体结构——外保温体系

节点	保温材料	d (mm)	ψ[W/(m·K)]	|[Δt]| (K)	适用地区
外墙阴角 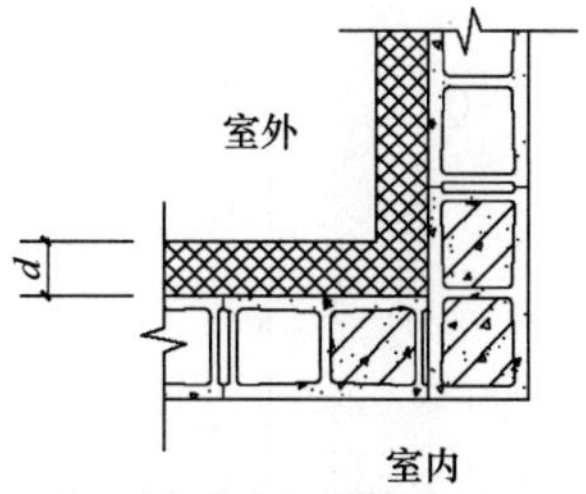 室外 d 室内	EPS、XPS PU、RW	—	0	—	A
外墙-内墙 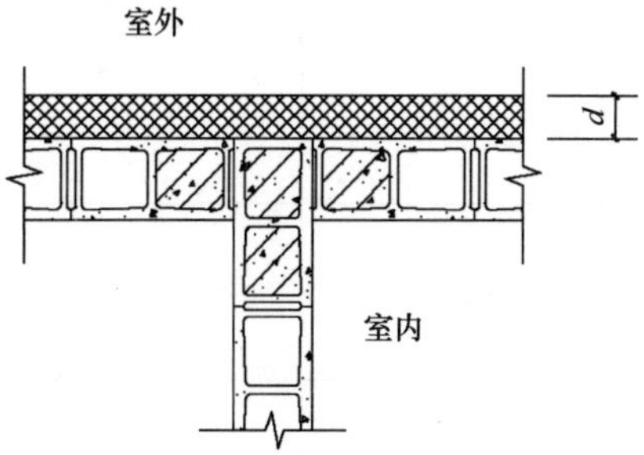 室外 d 室内	EPS、XPS PU、RW	—	0	—	A

6 砌体结构——外保温体系

<table>
<tr><th>节点</th><th>保温材料</th><th>d（mm）</th><th>ψ[W/(m·K)]</th><th>|[Δt]|（K）</th><th>适用地区</th></tr>
<tr><td>外墙-楼板 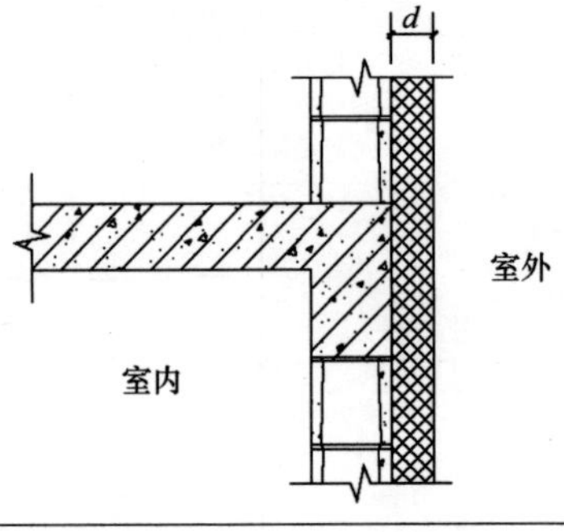
d
室外
室内</td><td>EPS、XPS
PU、RW</td><td>—</td><td>0</td><td>—</td><td>A</td></tr>
<tr><td rowspan="5">外墙-挑板 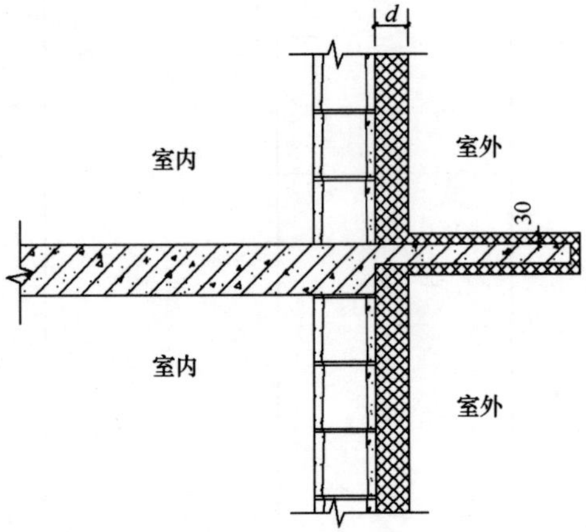
d
室内
室外
30
室内
室外</td><td>EPS</td><td>40</td><td>0.23</td><td>6.5</td><td>4B</td></tr>
<tr><td rowspan="2">XPS</td><td>40</td><td>0.23</td><td>6.5</td><td>4B</td></tr>
<tr><td>30</td><td>0.21</td><td>7.1</td><td>4B</td></tr>
<tr><td>PU</td><td>30</td><td>0.21</td><td>7.1</td><td>4B</td></tr>
<tr><td>RW</td><td>30</td><td>0.21</td><td>7.1</td><td>4B</td></tr>
</table>

6 砌体结构——外保温体系

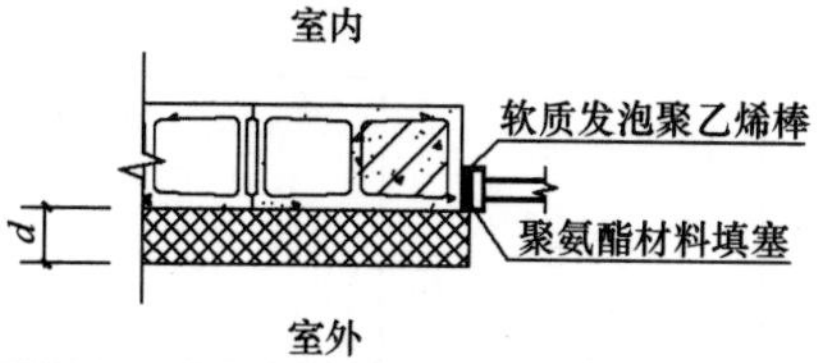

节点	保温材料	d（mm）	ψ[W/(m·K)]	|[Δt]|(K)	适用地区
外窗上口（窗框在基墙上）	EPS	260	0.07	21.4	A
		190	0.07	21.4	A
		150	0.06	25.0	A
		130	0.06	—	2/3/4/5
		90	0.05	—	3/4/5
		40	0.04	—	4/5
外窗下口（窗框在基墙上）	XPS	80	0.05	—	3/4/5
		40	0.04	—	4/5
		30	0.04	—	4/5
	PU	180	0.06	25.0	A
		130	0.06	25.0	A
		100	0.05	—	A
外窗侧口（窗框在基墙上）		90	0.05	—	2/3/4/5
		60	0.05	—	3/4/5
		30	0.04	—	4/5
	RW	110	0.06	—	3/4/5
		50	0.05	—	4/5

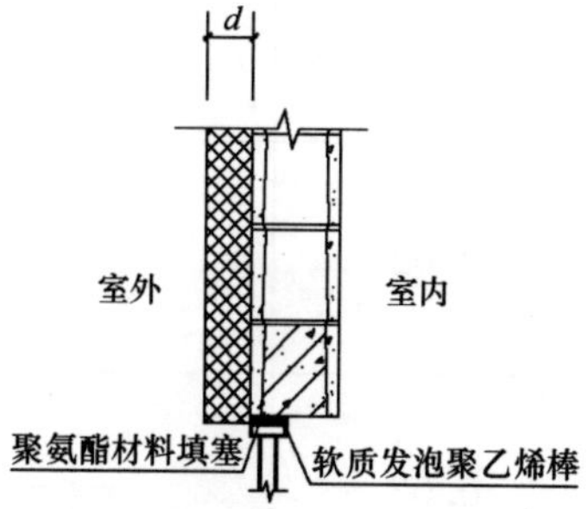

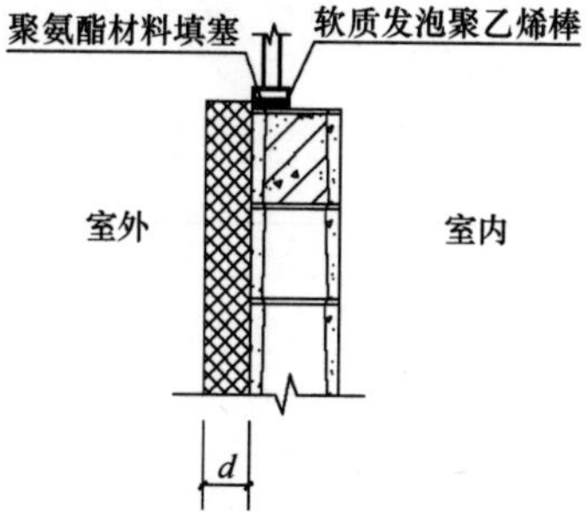

6 砌体结构——外保温体系

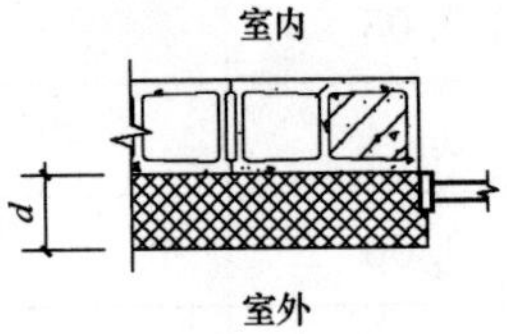

节点	保温材料	d（mm）	ψ[W/(m·K)]	|[Δt]|（K）	适用地区
外窗上口（窗框在保温层上） 外窗下口（窗框在保温层上） 外窗侧口（窗框在保温层上）	EPS	260	0.03	—	A
		190	0.02	—	A
		150	0.02	—	A
		130	0.02	—	2/3/4/5
	PU	180	0.02	—	A
		130	0.01	—	A
		100	0.01	—	A

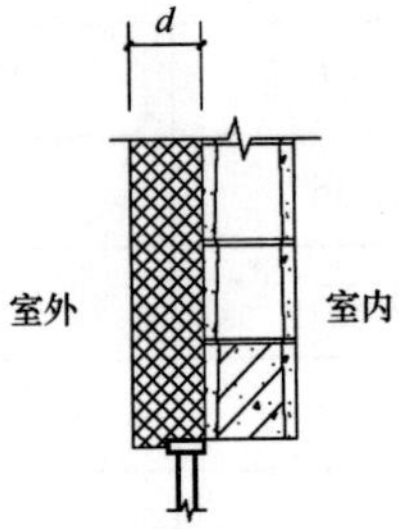

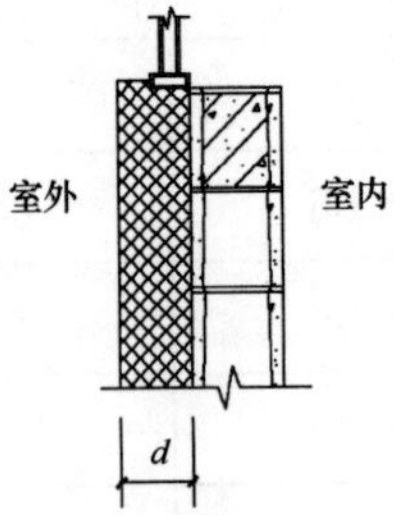

6　砌体结构——外保温体系

节点	保温材料	d (mm)	ψ[W/(m·K)]	|[Δt]|(K)	适用地区
开敞阳台 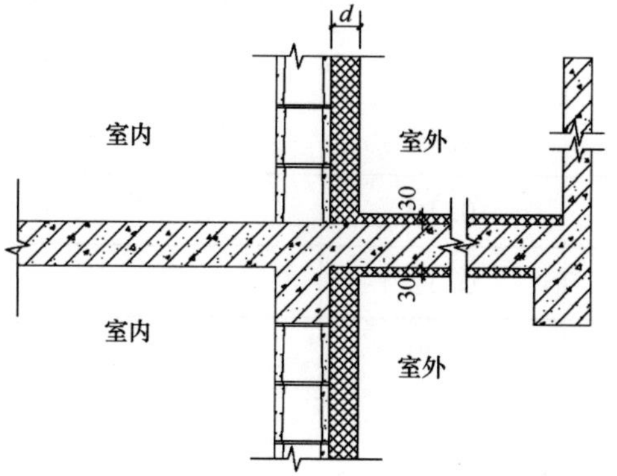	EPS	40	0.40	3.8	4B
	XPS	40	0.39	3.8	4B
		30	0.42	3.6	4B
	PU	30	0.39	3.8	4B
	RW	50	0.40	3.8	4B
封闭阳台 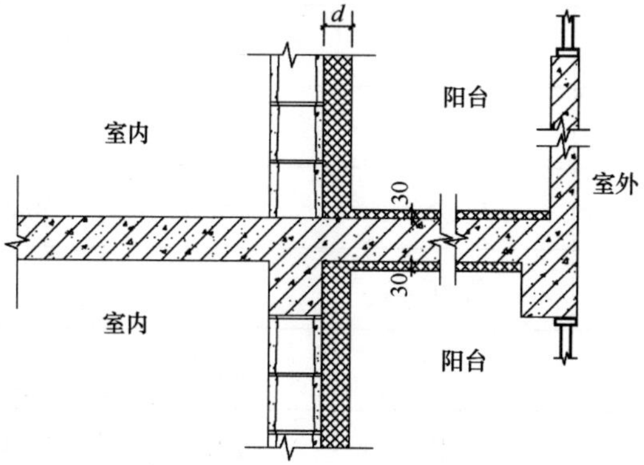	EPS	40	0.39	3.8	4B
	XPS	40	0.38	3.9	4B
		30	0.41	3.7	4B
	PU	30	0.38	3.9	4B
	RW	50	0.39	3.8	4B

6　砌体结构——外保温体系

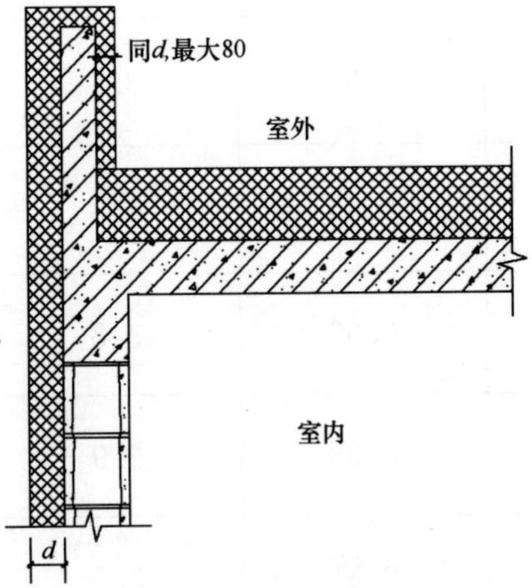

节点	保温材料	d (mm)	ψ[W/(m·K)]	$\lvert[\Delta t]\rvert$ (K)	适用地区
外墙-屋面 同d,最大80 室外 室外 室内 d	EPS	260	0.08	18.8	1BC/2/3/4/5
		190	0.09	16.7	1C/2/3/4/5
		150	0.09	16.7	1C/2/3/4/5
		130	0.10	15.0	2/3/4/5
		90	0.10	—	3/4/5
		40	0.12	—	4/5
	XPS	80	0.09	—	3/4/5
		40	0.12	12.5	4/5
		30	0.13	11.5	4/5
	PU	180	0.07	21.4	A
		130	0.08	18.8	1BC/2/3/4/5
		100	0.08	18.8	1BC/2/3/4/5
		90	0.08	18.8	2/3/4/5
		60	0.10	—	3/4/5
		30	0.12	12.5	4/5
	RW	50	0.12	12.5	4/5

6 砌体结构——外保温体系

节点	保温材料	d（mm）	ψ[W/（m·K）]	|[Δt]|（K）	适用地区
屋面退台 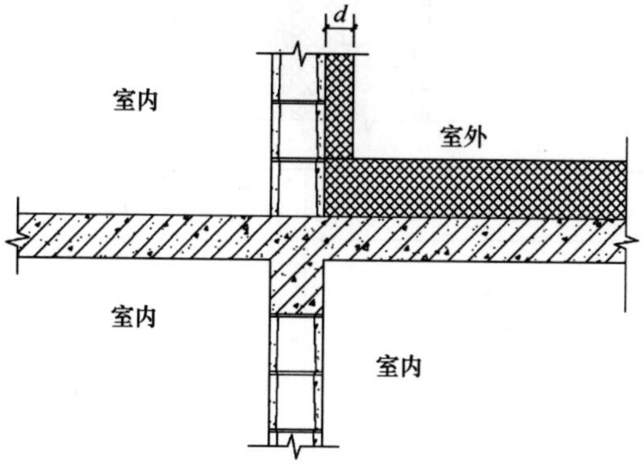	EPS、XPS PU、RW	—	0	—	A

7 砌体结构——内保温体系

砌体结构外保温体系是以砌体墙为受力结构，在墙体室内侧设置保温系统。保温层可采用膨胀聚苯板、挤塑聚苯板、聚氨酯板等多种材料。内保温体系多用于夏热冬冷、夏热冬暖和温和地区的居住建筑。

本体系中砌体材料为 190mm 混凝土空心砌块。

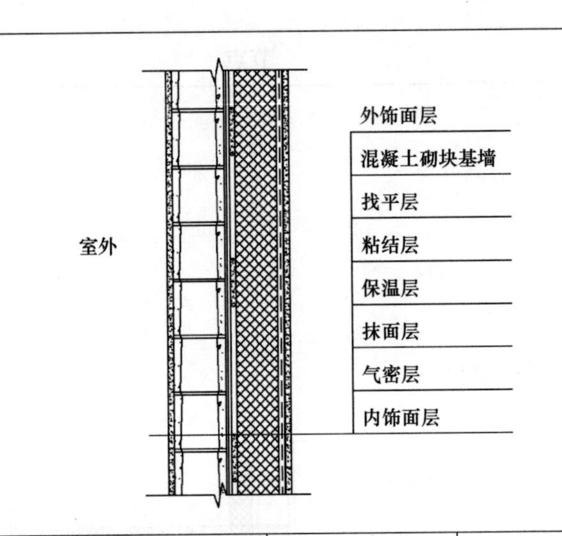

节点	保温材料	d (mm)	ψ[W/(m·K)]	|[Δt]| (K)	适用地区
外墙阳角 室内 d 室外	EPS、XPS PU、RW	—	0	—	3/4/5

7 砌体结构——内保温体系

节点	保温材料	d (mm)	ψ[W/(m·K)]	|[Δt]| (K)	适用地区
外墙阴角 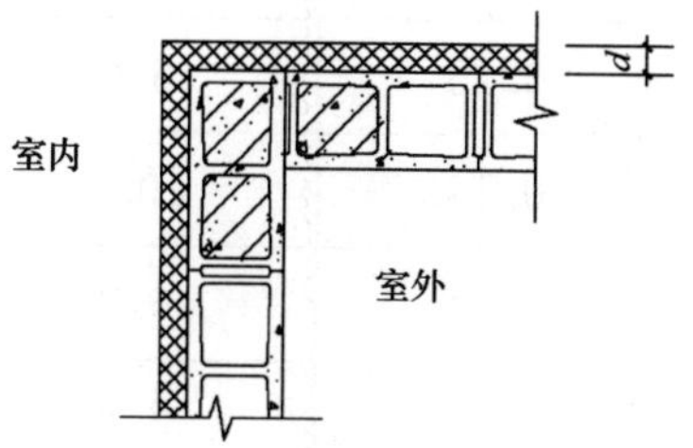 室内 室外 d	EPS、XPS PU、RW	—	0	—	3/4/5
外墙-内墙 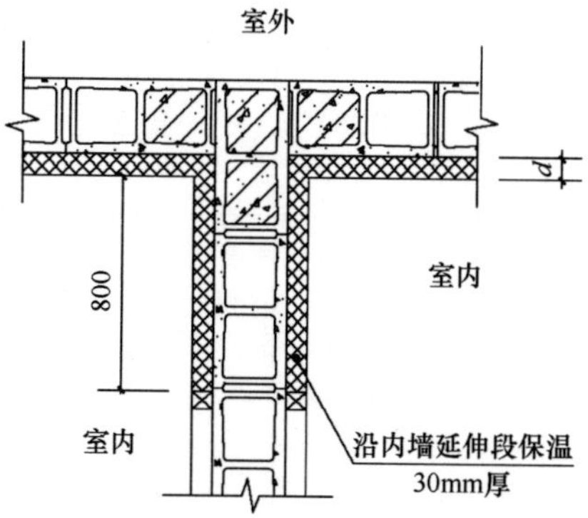 室外 室内 800 d 沿内墙延伸段保温 30mm厚	EPS	40	0.37	4.1	4B
	XPS	30	0.33	4.5	4B
	PU	30	0.32	4.7	4B
	RW	50	0.39	3.8	4B

7 砌体结构——内保温体系

节点	保温材料	d (mm)	ψ[W/(m·K)]	$\lvert[\Delta t]\rvert$ (K)	适用地区
内墙-外墙（VIP 板延伸段） 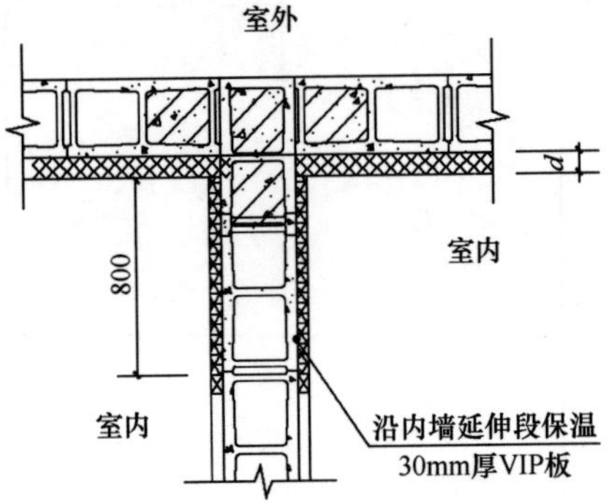 室外 d 800 室内 室内 沿内墙延伸段保温 30mm厚VIP板	EPS	90	0.25	6.0	4B
		40	0.16	9.4	4/5B
	XPS	80	0.25	6.0	4B
		30	0.14	10.7	4/5
	PU	60	0.24	6.3	4B
		30	0.17	8.8	4/5B
	RW	50	0.16	9.4	4/5B
外墙-楼板 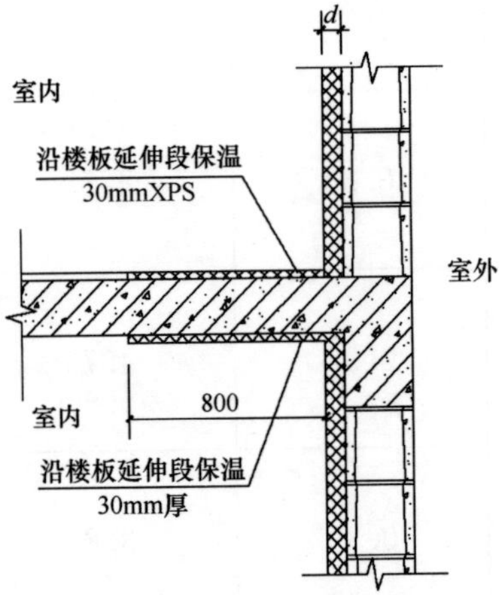 d 室内 沿楼板延伸段保温 30mmXPS 室外 室内 800 沿楼板延伸段保温 30mm厚	EPS	40	0.27	5.6	4B
	XPS	30	0.26	5.8	4B
	PU	30	0.27	5.6	4B
	RW	50	0.28	5.4	4B

7　砌体结构——内保温体系

节点	保温材料	d（mm）	ψ[W/(m·K)]	|[Δt]|（K）	适用地区
外墙-楼板（VIP板延伸段） 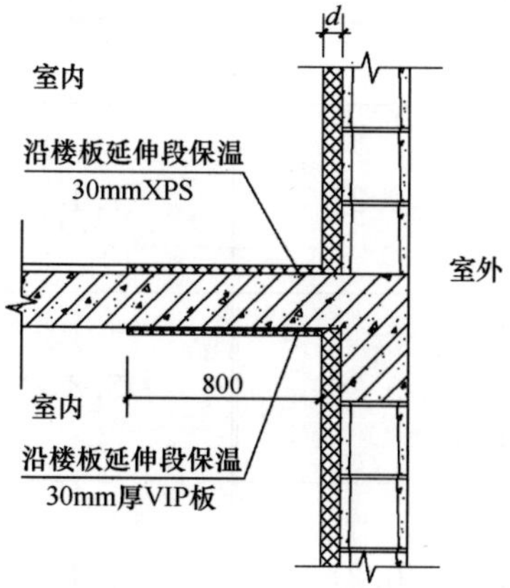	EPS	90	0.25	6.0	4B
		40	0.21	7.1	4B
	XPS	80	0.26	5.8	4B
		30	0.20	7.5	4B
	PU	60	0.26	5.8	4B
		30	0.22	6.8	4B
	RW	50	0.21	7.1	4B
外墙-挑板 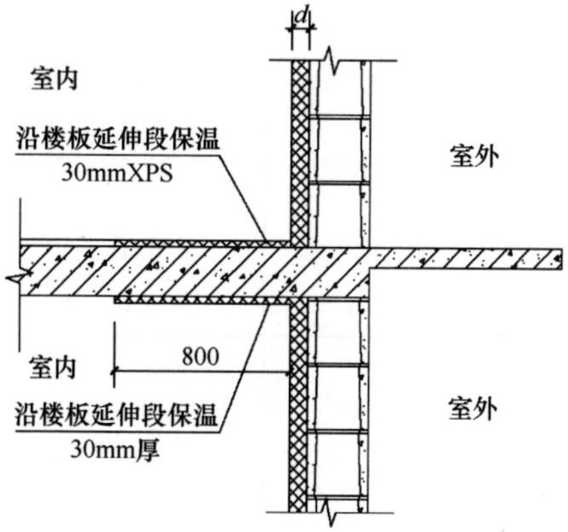	EPS	40	0.28	5.4	4B
	XPS	30	0.26	5.8	4B
	PU	30	0.27	5.6	4B
	RW	50	0.28	5.4	4B

7 砌体结构——内保温体系

节点	保温材料	d (mm)	ψ[W/(m·K)]	|[Δt]| (K)	适用地区
外墙-挑板（VIP 板延伸段） 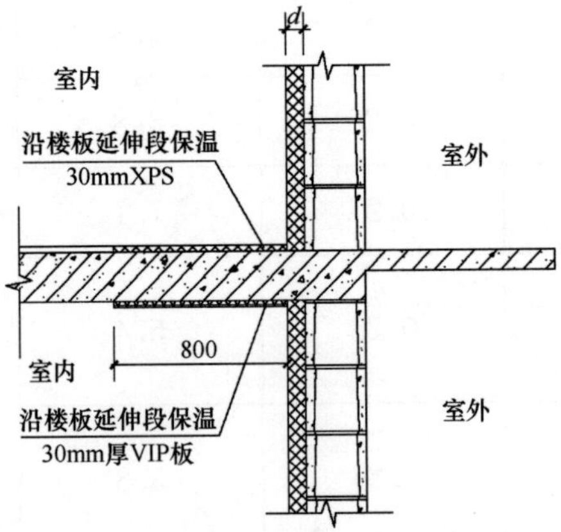	EPS	90	0.26	5.8	4B
		40	0.21	7.1	4B
	XPS	80	0.26	5.8	4B
		30	0.21	7.1	4B
	PU	60	0.26	5.8	4B
		30	0.23	6.5	4B
	RW	50	0.21	7.1	4B

7 砌体结构——内保温体系

节点	保温材料	d（mm）	ψ[W/(m·K)]	｜[Δt]｜(K)	适用地区
外窗上口 外窗下口 外窗侧口	EPS	90	0.04	—	3/4/5
		40	0.03	—	4/5
	XPS	80	0.04	—	3/4/5
		30	0.03	—	4/5
	PU	60	0.03	—	3/4/5
		30	0.02	—	4/5
	RW	50	0.04	—	4/5

7 砌体结构——内保温体系

节点	保温材料	d (mm)	ψ[W/(m·K)]	|[Δt]|(K)	适用地区
开敞阳台 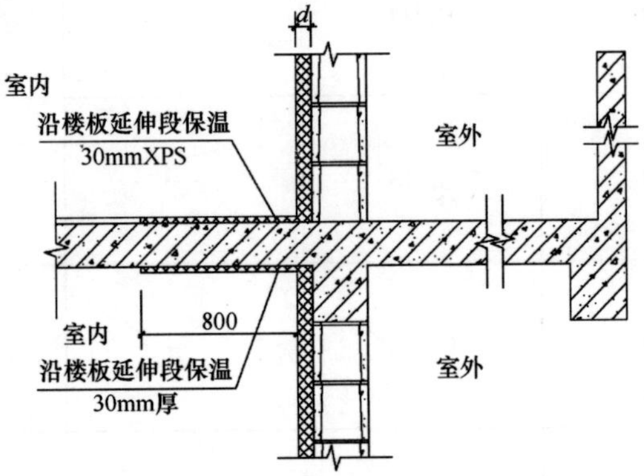	EPS	40	0.28	5.4	4B
	XPS	30	0.27	5.6	4B
	PU	30	0.28	5.4	4B
	RW	50	0.29	5.2	4B
开敞阳台（VIP 板延伸段） 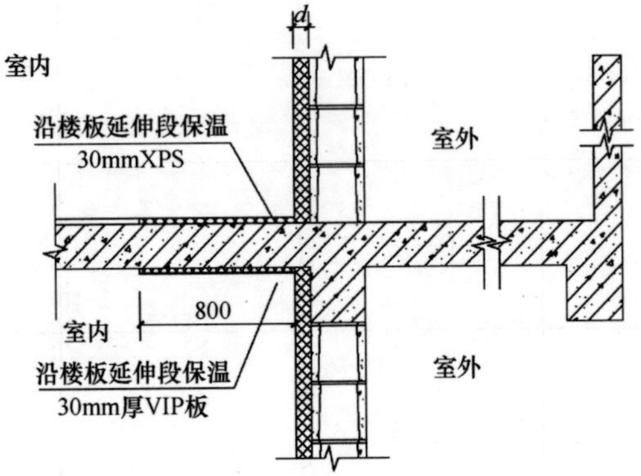	EPS	90	0.27	5.6	4B
		40	0.22	6.8	4B
	XPS	80	0.27	5.6	4B
		30	0.21	7.1	4B
	PU	60	0.28	5.4	4B
		30	0.23	6.5	4B
	RW	50	0.22	6.8	4B

7 砌体结构——内保温体系

节点	保温材料	d（mm）	ψ[W/(m·K)]	$\lvert[\Delta t]\rvert$（K）	适用地区
封闭阳台 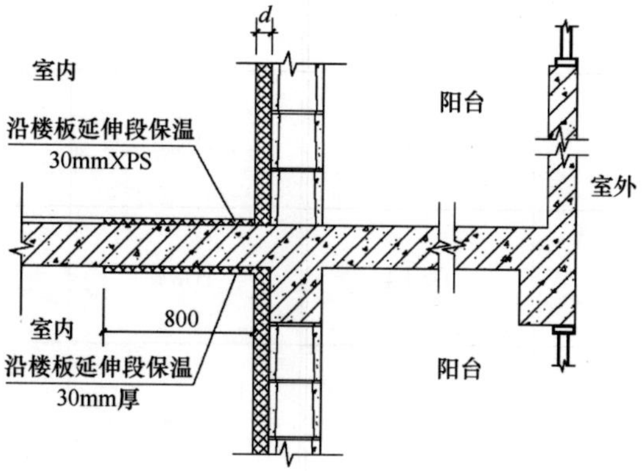	EPS	40	0.26	5.8	4B
	XPS	30	0.24	6.3	4B
	PU	30	0.25	6.0	4B
	RW	50	0.26	5.8	4B
封闭阳台（VIP 板延伸段） 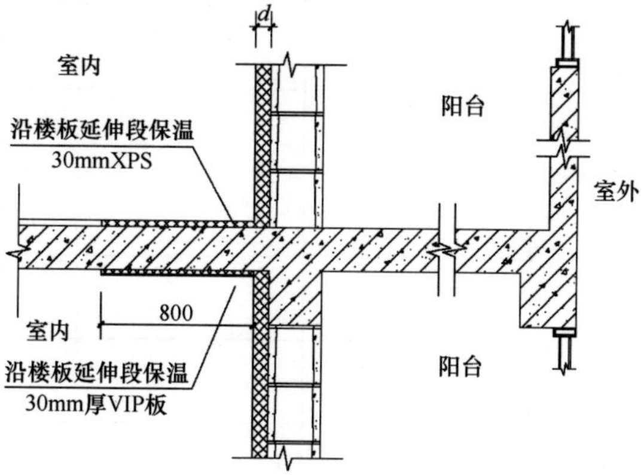	EPS	90	0.25	6.0	4B
		40	0.20	7.5	4B
	XPS	80	0.26	5.8	4B
		30	0.19	7.9	4B
	PU	60	0.26	5.8	4B
		30	0.21	7.1	4B
	RW	50	0.20	7.5	4B

7 砌体结构——内保温体系

节点	保温材料	d（mm）	ψ[W/(m·K)]	|[Δt]|（K）	适用地区
外墙-屋面 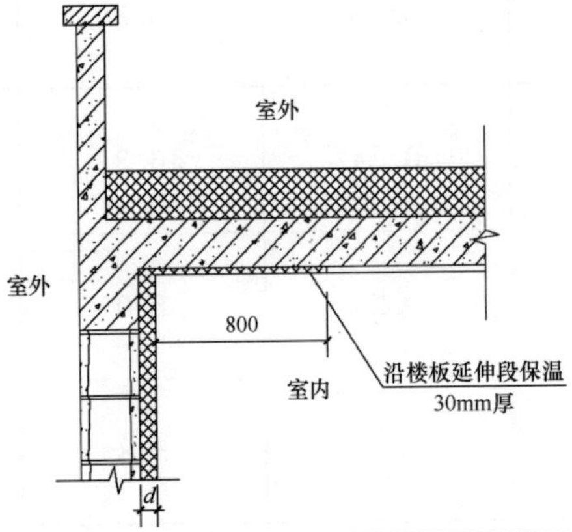 室外 室外 800 室内 沿楼板延伸段保温 30mm厚 d	EPS	40	0.16	9.4	4/5B
	XPS	30	0.14	10.7	4/5
	PU	30	0.14	10.7	4/5
	RW	50	0.17	8.8	4/5B
外墙-屋面（VIP板延伸段） 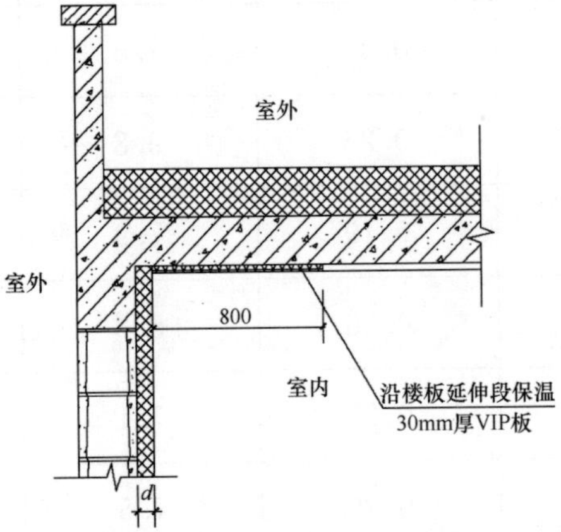 室外 室外 800 室内 沿楼板延伸段保温 30mm厚VIP板 d	EPS	90	0.09	—	3/4/5
		40	0.05	—	4/5
	XPS	80	0.10	—	3/4/5
		30	0.04	—	4/5
	PU	60	0.10	—	3/4/5
		30	0.06	—	4/5
	RW	50	0.05	—	4/5

7　砌体结构——内保温体系

节点	保温材料	d (mm)	ψ[W/(m·K)]	$\vert[\Delta t]\vert$ (K)	适用地区
屋面退台 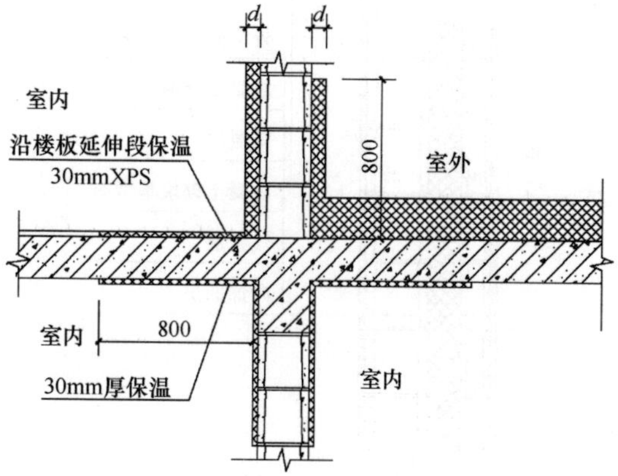	EPS	40	0	—	3/4/5
	XPS	30		—	3/4/5
	PU	30		—	3/4/5
	RW	50		—	3/4/5
屋面退台（VIP板延伸段） 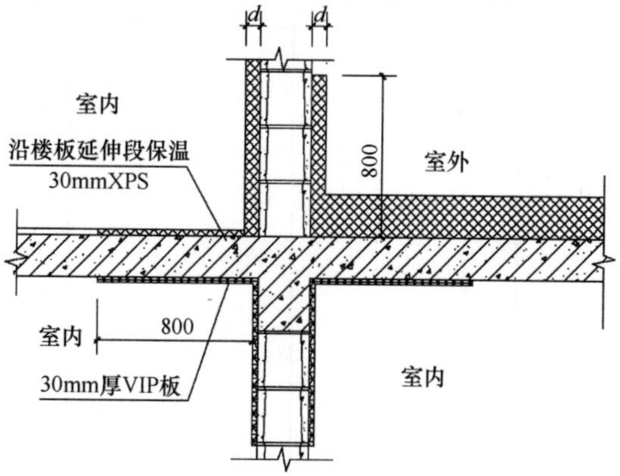	EPS	90	0	—	3/4/5
	XPS	80		—	3/4/5
	PU	60		—	3/4/5

8 砌体结构——夹芯保温体系

砌体结构——夹芯保温体系是以砌体墙为受力结构，在内外层墙体之间设置保温材料。保温层可采用膨胀聚苯板、挤塑聚苯板、聚氨酯板等多种材料。夹芯保温体系多用于夏热冬冷、夏热冬暖、温和气候区的居住建筑。

本体系中砌体材料为混凝土空心砌块。其中，承重砌块为 190mm 厚，外侧装饰砌块为 90mm 厚。

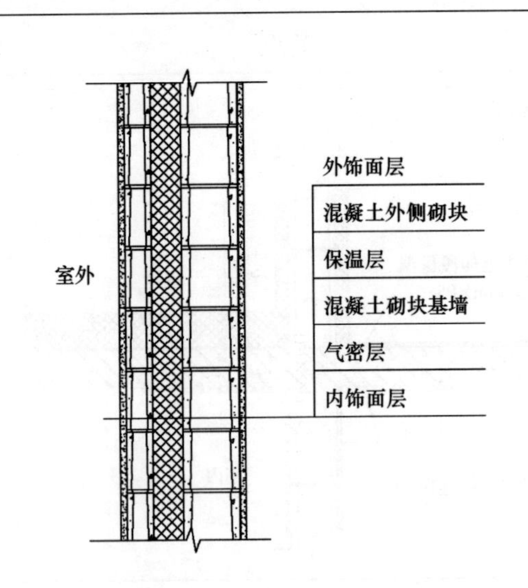

节点	保温材料	d（mm）	ψ[W/(m·K)]	|[Δt]|（K）	适用地区
外墙阳角	EPS、XPS PU、RW	—	0	—	3/4/5

8　砌体结构——夹芯保温体系					
节点	保温材料	d（mm）	ψ[W/(m·K)]	|[Δt]|（K）	适用地区
外墙阴角 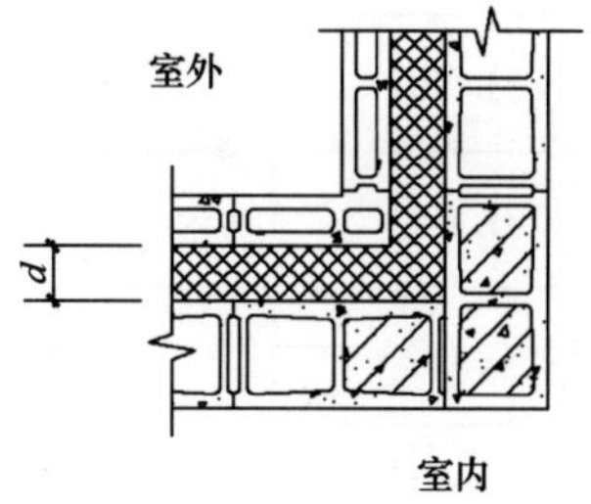 室外 d 室内	EPS、XPS PU、RW	—	0	—	3/4/5
外墙-内墙 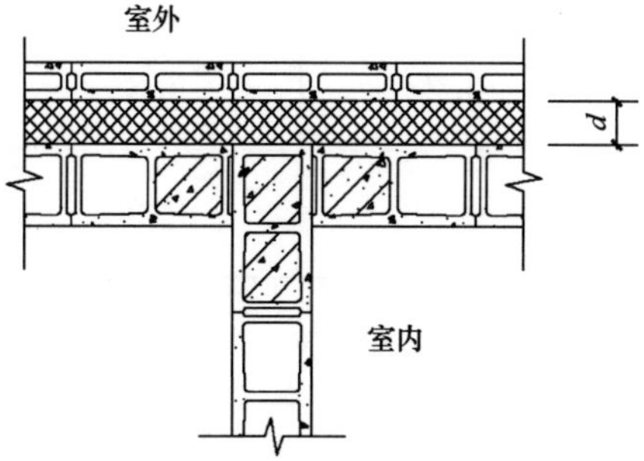 室外 d 室内	EPS、XPS PU、RW	—	0	—	3/4/5

8 砌体结构——夹芯保温体系

节点	保温材料	d（mm）	ψ[W/(m·K)]	∣[Δt]∣(K)	适用地区
外墙-楼板 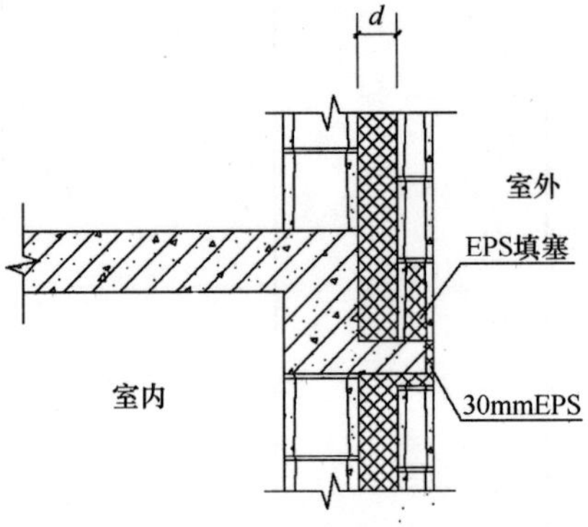	EPS	80	0.11	13.6	3/4/5
		30	0.04	—	4/5
	XPS	70	0.10	—	3/4/5
		30	0.04	—	4/5
	PU	50	0.09	—	3/4/5
		20	0.02	—	4/5
外墙-挑板 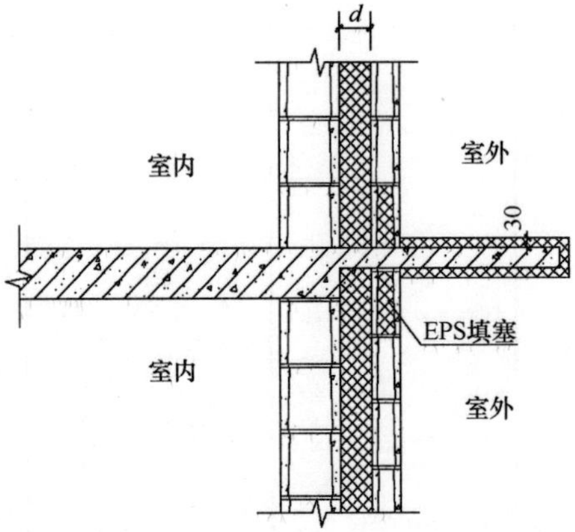	EPS	80	0.22	6.8	4B
		30	0.17	8.8	4/5B
	XPS	70	0.22	6.8	4B
		30	0.18	8.3	4B/5B
	PU	50	0.22	6.8	4B
		20	0.15	10.0	4/5B

8　砌体结构——夹芯保温体系

节点	保温材料	d (mm)	ψ[W/(m·K)]	|[Δt]| (K)	适用地区
外窗上口 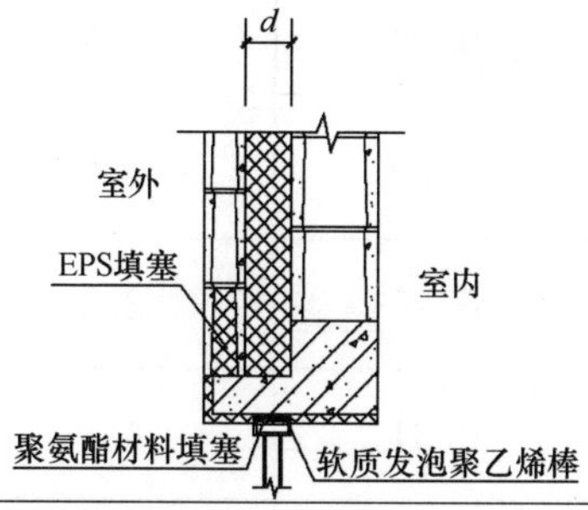	EPS	80	0.23	6.5	4B
		30	0.18	8.3	4B/5B
	XPS	70	0.23	6.5	4B
		30	0.18	8.3	4B/5B
	PU	50	0.20	7.5	4B
		20	0.15	10.0	4/5
外窗下口 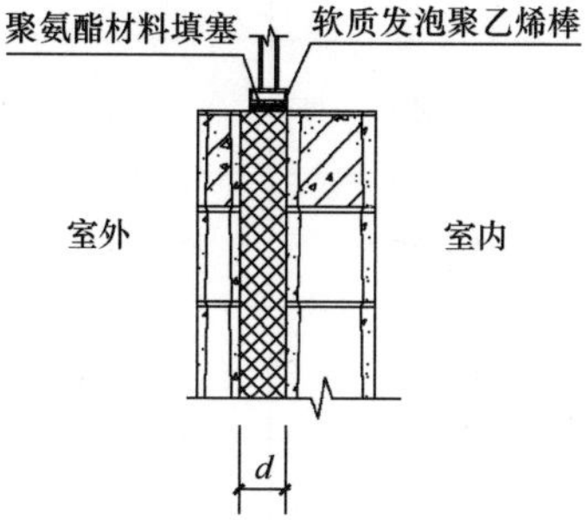	EPS	80	0.06	—	3/4/5
		30	0.11	13.6	4/5
外窗侧口	XPS	70	0.08	—	3/4/5
		30	0.13	11.5	4/5
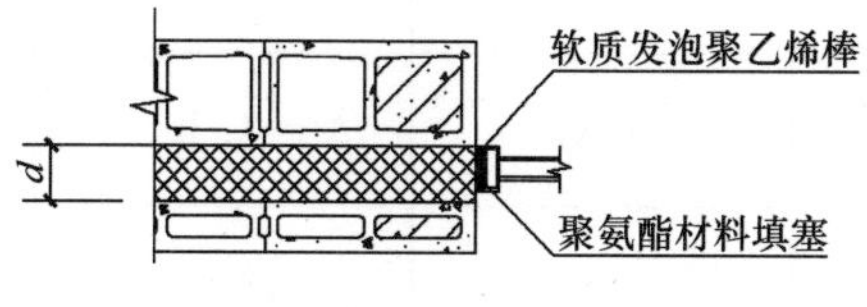	PU	50	0.06	—	3/4/5
		20	0.15	10.0	4/5B

8　砌体结构——夹芯保温体系					
节点	保温材料	d（mm）	ψ[W/(m·K)]	|[Δt]|（K）	适用地区
开敞阳台 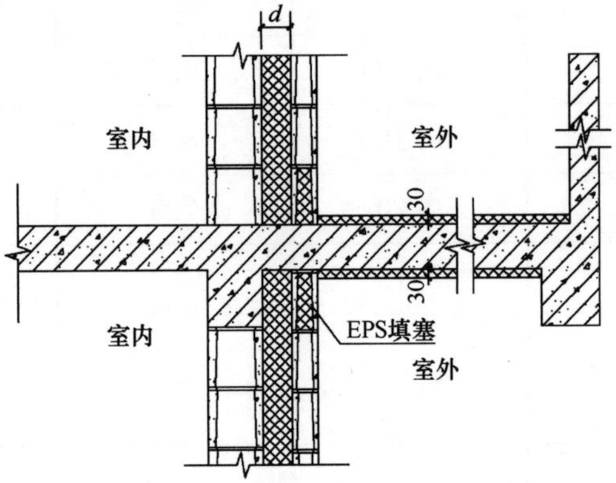	EPS	80	0.39	3.8	4B
		30	0.30	5.0	4B
	XPS	70	0.40	3.8	4B
		30	0.31	4.8	4B
	PU	50	0.39	3.8	4B
		20	0.28	5.4	4B
封闭阳台 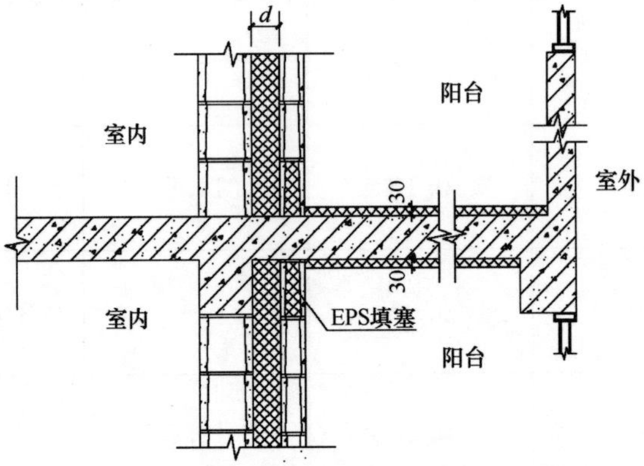	EPS	80	0.38	3.9	4B
		30	0.28	5.4	4B
	XPS	70	0.39	3.8	4B
		30	0.30	5.0	4B
	PU	50	0.37	4.1	4B
		20	0.26	5.8	4B

8 砌体结构——夹芯保温体系

节点	保温材料	d (mm)	ψ[W/(m·K)]	|[Δt]| (K)	适用地区
外墙-屋面 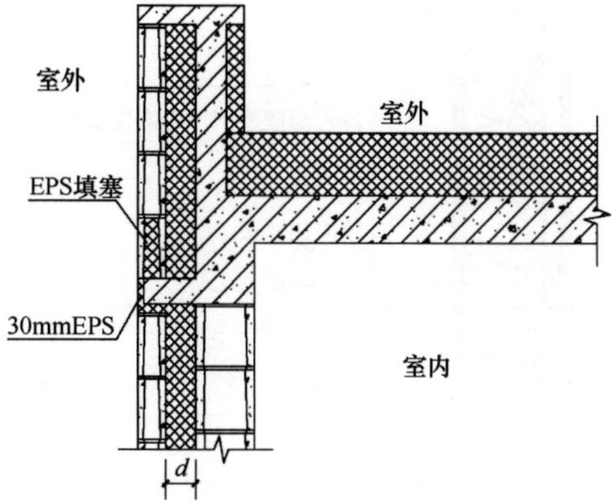 	EPS	80	0.23	6.5	4B
		30	0.16	9.4	4/5B
	XPS	70	0.23	6.5	4B
		30	0.16	9.4	4/5B
	PU	50	0.20	7.5	4B
		20	0.13	11.5	4/5
屋面退台 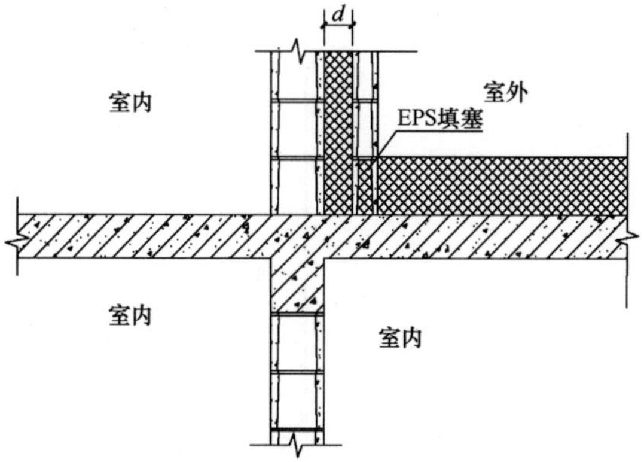 	EPS	80	0.18	8.3	4B/5B
		30	0.14	10.7	4/5
	XPS	70	0.17	8.8	4/5B
		30	0.14	10.7	4/5
	PU	50	0.17	8.8	4/5B
		20	0.12	12.5	4/5

9 冷弯薄壁型钢密肋结构体系

冷弯薄壁型钢密肋结构体系是以常温下辊轧成型的C形或U形截面镀锌型钢为受力构件，采用较小间隔密集设置形成的建筑结构体系。在密肋构件之间填塞纤维类保温材料，并在密肋构件室外侧设置保温层。保温层可采用膨胀聚苯板、挤塑聚苯板、聚氨酯板、岩棉板等多种材料。冷弯薄壁型钢密肋结构体系多用于各气候区的低层居住建筑。

本体系中C形腹板高度90mm，内嵌岩棉。

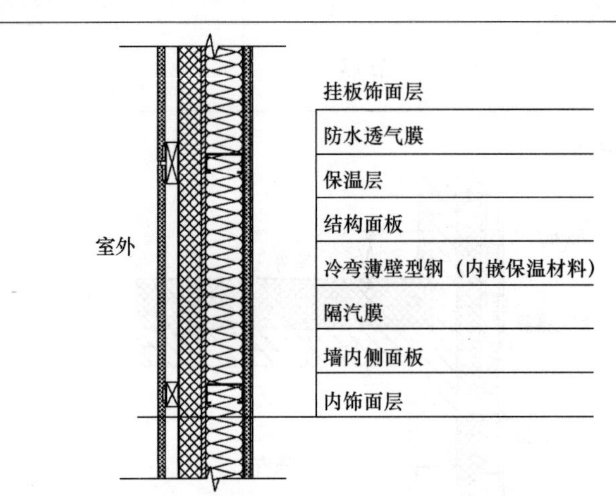

节点	保温材料	d（mm）	ψ[W/(m·K)]	｜[Δt]｜(K)	适用地区
外墙阳角 d 室内 室外	EPS、XPS PU	—	0	—	A

9　冷弯薄壁型钢密肋结构体系					
节点	保温材料	d（mm）	ψ[W/(m·K)]	∣[Δt]∣（K）	适用地区
外墙阴角 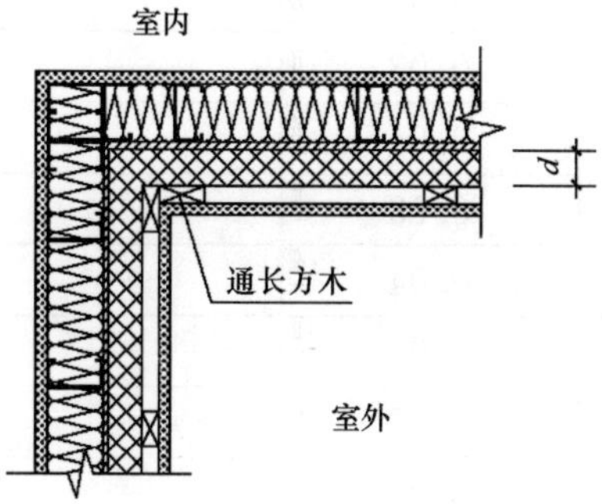 室内 d 通长方木 室外	EPS、XPS PU	—	0	—	A
外墙-内墙 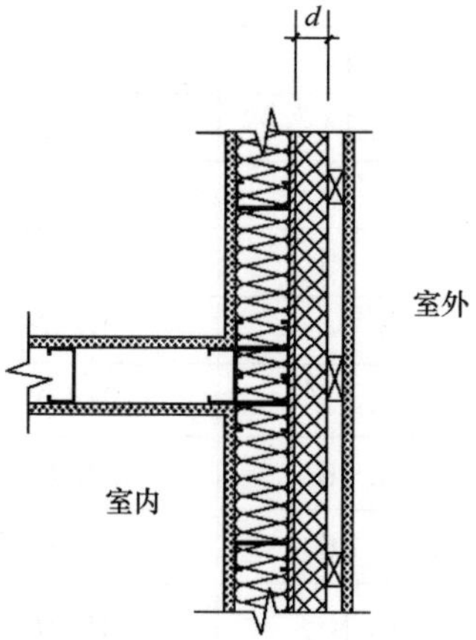 d 室外 室内	EPS、XPS PU	—	0	—	A

9　冷弯薄壁型钢密肋结构体系

节点	保温材料	d（mm）	ψ[W/(m·K)]	∣[Δt]∣（K）	适用地区
外墙-楼板 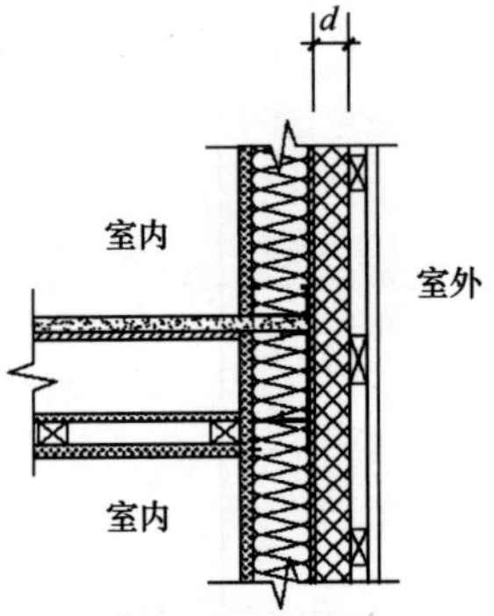	EPS	180	0.01	—	A
		110	0.02	—	A
		70	0.03	—	A
		50	0.04	—	2/3/4/5
	XPS	60	0.03	—	A
		40	0.04	—	2/3/4/5
	PU	110	0.01	—	A
		70	0.02	—	A
		50	0.02	—	2/3/4/5
		30	0.04	—	2/3/4/5
开敞阳台 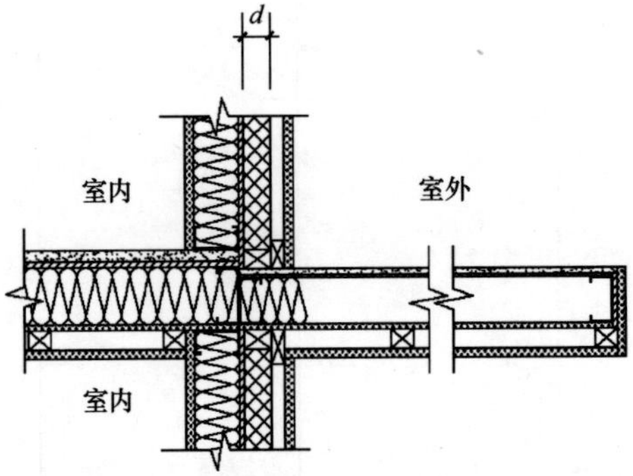	EPS	180	0.15	10.0	3B/4/5B
		110	0.14	10.7	3B/4/5
		70	0.14	10.7	3B/4/5
		50	0.14	10.7	3B/4/5
	XPS	60	0.15	10.0	3B/4/5B
		40	0.14	10.7	3B/4/5
	PU	110	0.15	10.0	3B/4/5B
		70	0.16	9.4	4/5B
		50	0.16	9.4	4/5B
		30	0.15	10.0	3B/4/5B

9 冷弯薄壁型钢密肋结构体系

节点	保温材料	d (mm)	ψ[W/(m·K)]	|[Δt]|(K)	适用地区
外窗上口 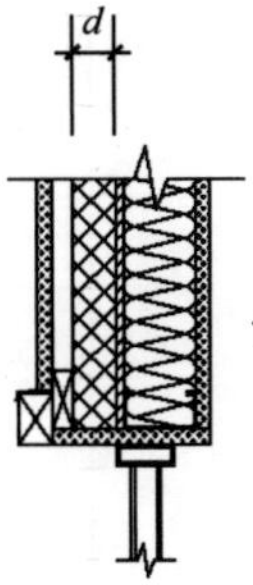 外窗下口 外窗侧口	EPS	180	0.05	—	A
		110	0.04	—	A
		70	0.03	—	A
		50	0.03	—	2/3/4/5
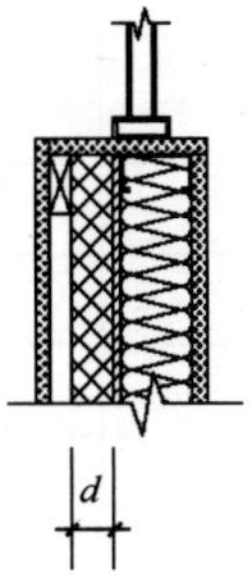	XPS	60	0.03	—	A
		40	0.03	—	2/3/4/5
	PU	110	0.05	—	A
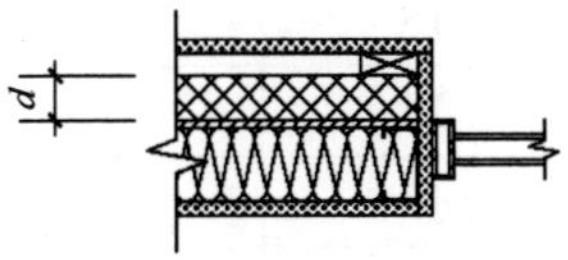		70	0.04	—	A
		50	0.03	—	A
		30	0.03	—	2/3/4/5

9 冷弯薄壁型钢密肋结构体系

节点	保温材料	d (mm)	ψ[W/(m·K)]	|[Δt]| (K)	适用地区
外墙-屋面 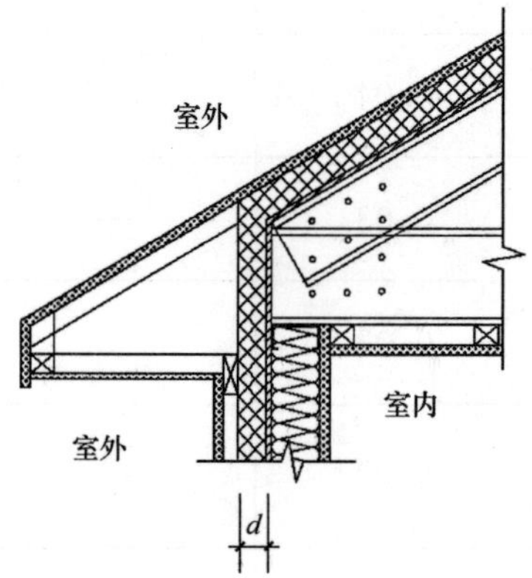	EPS、XPS PU	—	0	—	A
屋面退台 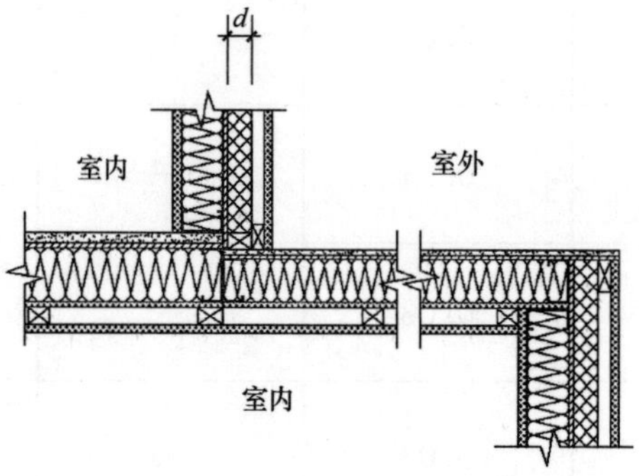	EPS	180	0.17	8.8	4/5B
		110	0.16	9.4	4/5B
		70	0.16	9.4	4/5B
		50	0.16	9.4	4/5B
	XPS	60	0.16	9.4	4/5B
		40	0.16	9.4	4/5B
	PU	110	0.18	8.3	4B/5B
		70	0.17	8.8	4/5B
		50	0.17	8.8	4/5B
		30	0.16	9.4	4/5B

10 （轻）钢框架结构体系

（轻）钢框架结构体系是以热轧 H 型钢（或工字钢）、高频焊接 H 型钢形成的框架作为受力体系，以复合幕墙或填充墙为围护结构的钢结构体系。复合幕墙或填充墙中的保温层可采用膨胀聚苯板、挤塑聚苯板、聚氨酯板、岩棉板等多种材料。（轻）钢框架结构体系多用于各气候区的低层居住建筑，钢框架结构体系多用于各气候区的公共建筑。

本体系中围护结构为轻型幕墙体系。其中，幕墙连接龙骨为高度 90mm C 型钢。

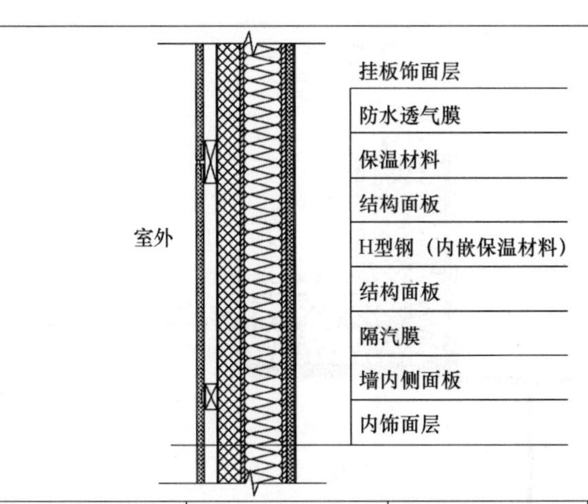

节点	保温材料	d (mm)	ψ[W/(m·K)]	|[Δt]| (K)	适用地区
外墙阳角 室外 室内 d	EPS、XPS PU	—	0	—	A

10 （轻）钢框架结构体系

节点	保温材料	d（mm）	ψ[W/(m·K)]	|[Δt]|（K）	适用地区
外墙阴角 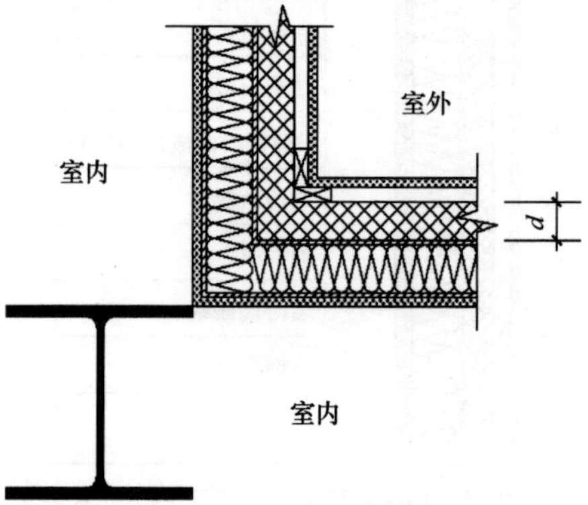 室外 室内 d 室内	EPS、XPS PU	—	0	—	A
外墙-内墙 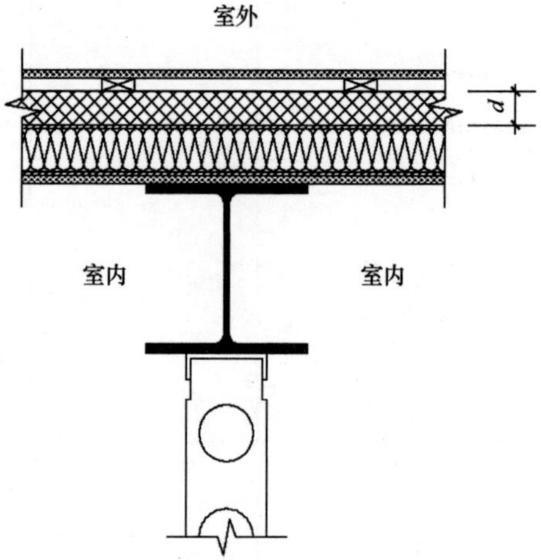 室外 d 室内 室内	EPS、XPS PU	—	0	—	A

10 （轻）钢框架结构体系

节点	保温材料	d（mm）	ψ[W/(m·K)]	|[Δt]|（K）	适用地区
外墙-楼板 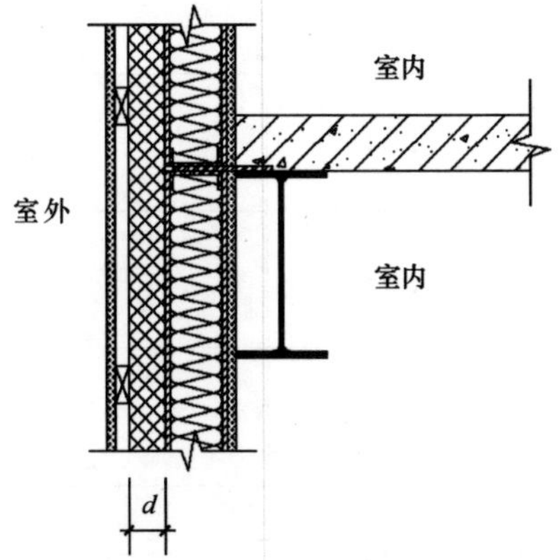	EPS	180	0.02	—	A
		110	0.04	—	A
		70	0.06	25.0	A
		50	0.09	16.7	2/3/4/5
	XPS	60	0.06	25.0	A
		40	0.09	16.7	2/3/4/5
	PU	110	0.02	—	A
		70	0.04	—	A
		50	0.06	25.0	A
		30	0.10	15.0	2/3/4/5
外墙-屋面 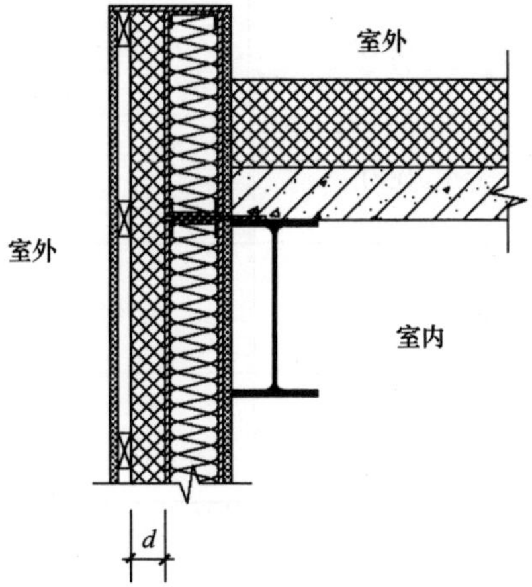	EPS	180	0.11	13.6	2/3/4/5
		110	0.08	18.8	1BC/2/3/4/5
		70	0.07	21.4	A
		50	0.06	—	2/3/4/5
	XPS	60	0.08	18.8	1BC/2/3/4/5
		40	0.06	—	2/3/4/5
	PU	110	0.11	13.6	2/3/4/5
		70	0.08	18.8	1BC/2/3/4/5
		50	0.07	21.4	A
		30	0.06	—	2/3/4/5

10 （轻）钢框架结构体系

节点	保温材料	d (mm)	ψ[W/(m·K)]	|[Δt]| (K)	适用地区
外窗上口 外窗下口 外窗侧口	EPS	180	0.05	—	A
		110	0.04	—	A
		70	0.03	—	A
		50	0.03	—	2/3/4/5
	XPS	60	0.03	—	A
		40	0.03	—	2/3/4/5
	PU	110	0.05	—	A
		70	0.04	—	A
		50	0.03	—	A
		30	0.03	—	2/3/4/5

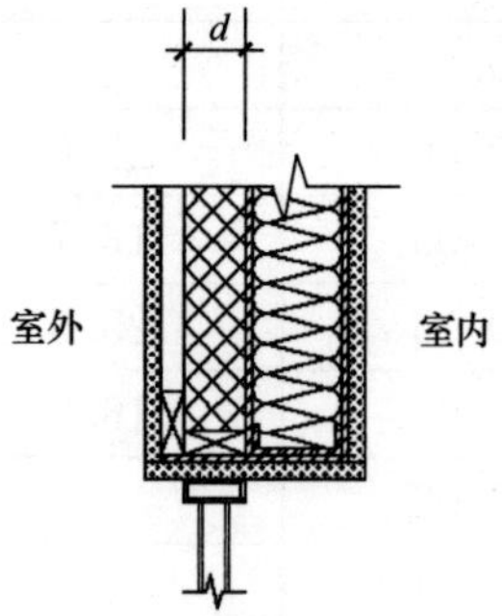

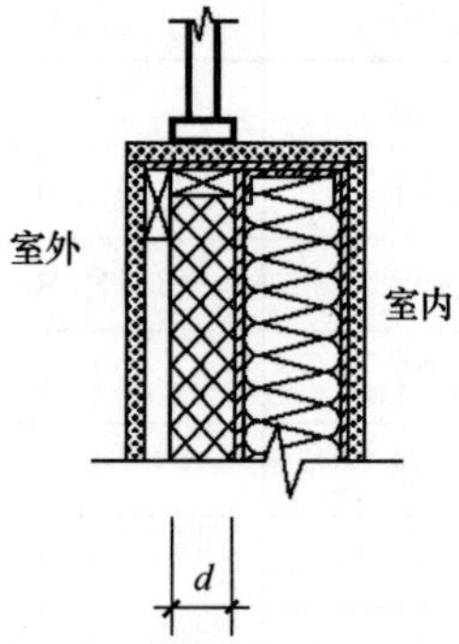

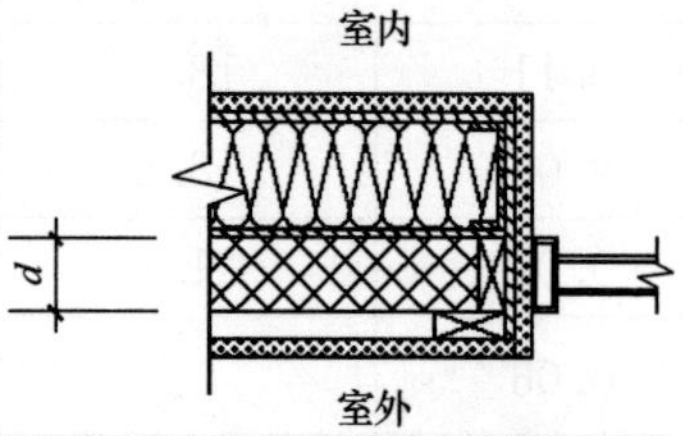

11 轻木结构体系

轻木结构体系是用规格材及木基结构板材或石膏板制作的木构架墙体、楼板和屋盖系统构成的单层或多层建筑结构。保温层采用岩棉或玻璃棉。轻木结构体系多用于寒冷、夏热冬冷、夏热冬暖、温和气候区的居住建筑和小型公共建筑。

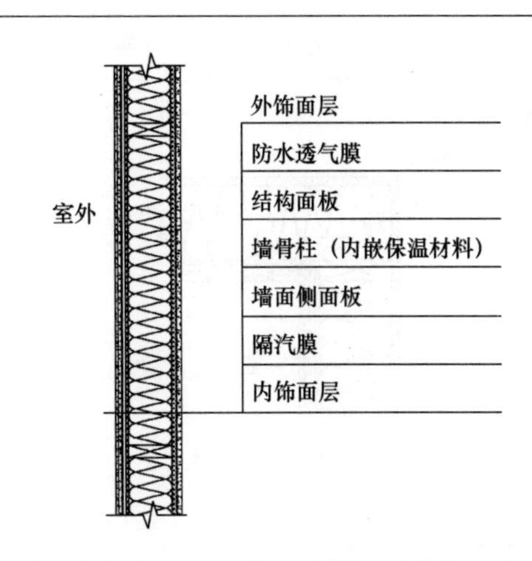

节点	保温材料	d（mm）	ψ[W/(m·K)]	|[Δt]|（K）	适用地区
外墙阳角	RW	90	0.07	—	2/3/4/5
		140	0.06	—	2/3/4/5
	GW	90	0.07	—	2/3/4/5
		140	0.06	—	2/3/4/5

11 轻木结构体系

节点	保温材料	d（mm）	ψ[W/(m·K)]	|[Δt]|（K）	适用地区
外墙阴角 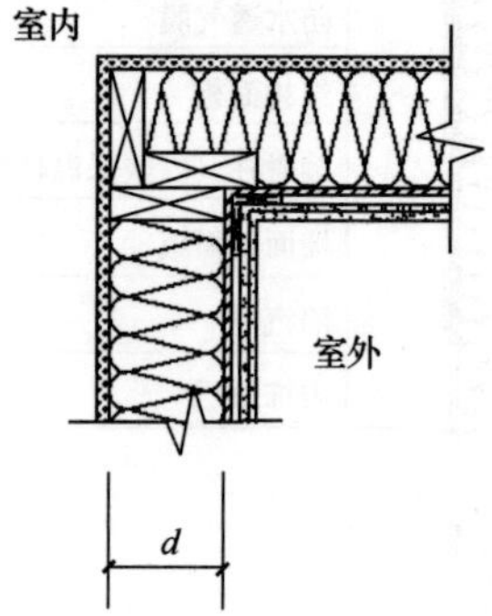	RW	90	0	—	2/3/4/5
		140	0	—	2/3/4/5
	GW	90	0	—	2/3/4/5
		140	0	—	2/3/4/5
外墙-内墙 1 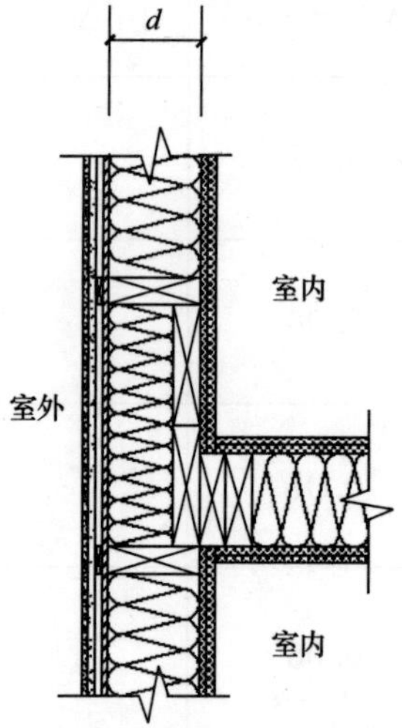	RW	90	0.09	—	2/3/4/5
		140	0.06	—	2/3/4/5
	RW	90	0.09	—	2/3/4/5
		140	0.06	—	2/3/4/5

11　轻木结构体系

节点	保温材料	d (mm)	ψ[W/(m·K)]	$\vert[\Delta t]\vert$ (K)	适用地区
外墙-内墙 2 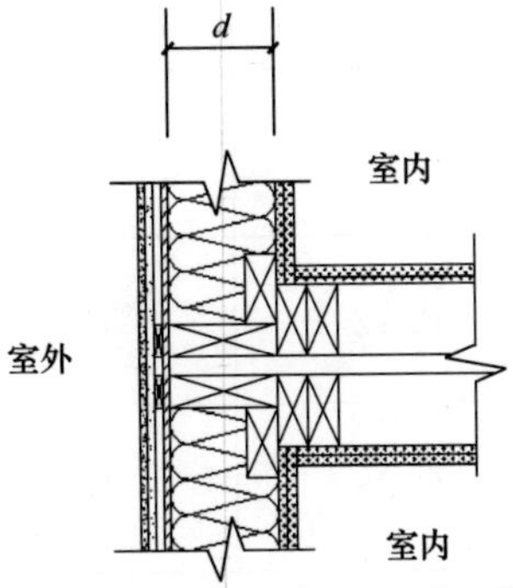	RW	90	0.04	—	2/3/4/5
		140	0.05	—	2/3/4/5
	GW	90	0.04	—	2/3/4/5
		140	0.05	—	2/3/4/5
外墙-楼板 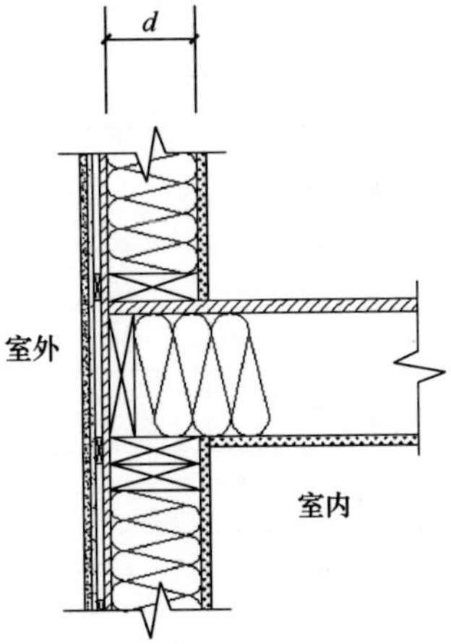	RW	90	0.11	13.6	2/3/4/5
		140	0.08	18.8	2/3/4/5
	GW	90	0.12	12.5	2/3/4/5
		140	0.09	16.7	2/3/4/5

11 轻木结构体系					
节点	保温材料	d（mm）	ψ[W/(m·K)]	|[Δt]|（K）	适用地区
外窗上口 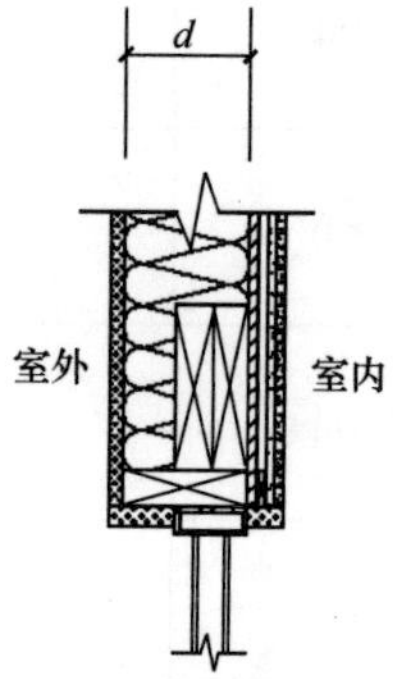	RW	90	0.11	13.6	3/4/5
		140	0.07	—	2/3/4/5
	GW	90	0.12	12.5	3/4/5
		140	0.08	18.8	2/3/4/5
外窗下口 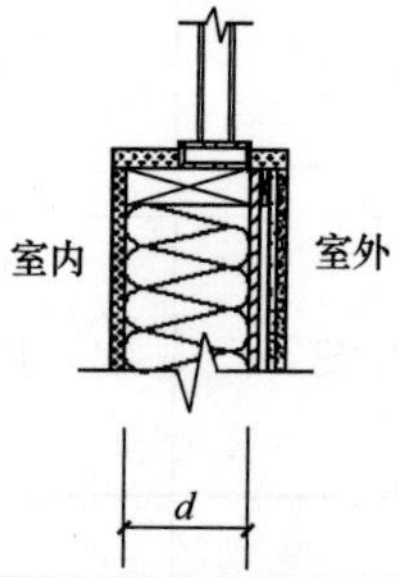	RW	90	0.05	—	2/3/4/5
		140	0.05	—	2/3/4/5
	GW	90	0.06	—	2/3/4/5
		140	0.06	—	2/3/4/5
外窗侧口 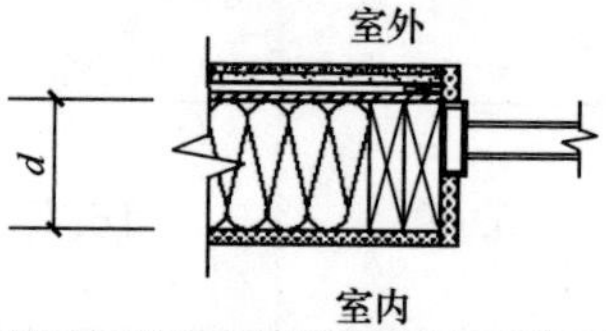	RW	90	0.06	—	2/3/4/5
		140	0.06	—	2/3/4/5
	GW	90	0.06	—	2/3/4/5
		140	0.06	—	2/3/4/5

11　轻木结构体系

节点	保温材料	d（mm）	ψ[W/(m·K)]	$\mid[\Delta t]\mid$(K)	适用地区
外墙-屋面 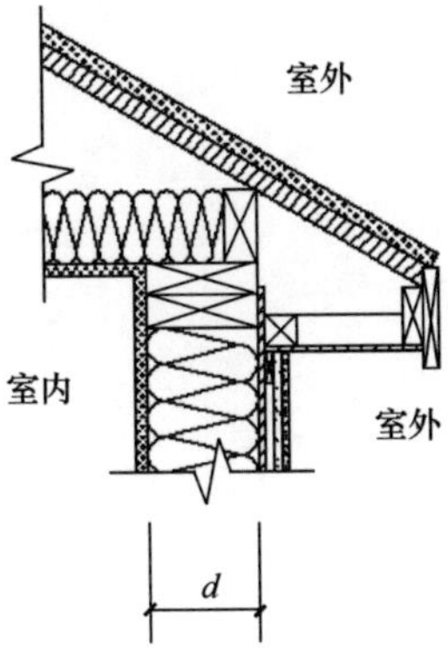 室外 室内 室外 d	RW	90	0.13	11.5	3/4/5
		140	0.10	15	2/3/4/5
	GW	90	0.13	11.5	3/4/5
		140	0.10	15	2/3/4/5